いないと、なぜウサギが滅びるのか

知のトレッキング叢書
集英社インターナショナル

日本の森林の生態系ピラミッド

水田の生態系ピラミッド

オオカミがいないと、なぜウサギが滅びるのか

目次

キャラクター（トレッくま）イラスト　フジモトマサル
カバーイラスト　中川紀子
イラスト　土屋絵里子（口絵、31ページ）
　　　　　川原真由美（13ページ、79ページ）
写真提供　サントリーホールディングス株式会社
装丁・デザイン　立花久人・福永圭子（デザイントリム）

第一章

生き物の世界は必ずピラミッド型になる

ノアの箱舟

生物多様性の大切さを最初に説いた文献は、たぶん聖書のノアの箱舟の一節だろう。神は、ノアに命じて、地球上のすべての生き物を一ペアずつ箱舟に集め、大洪水から救ったのだという。地上のすべての生き物が守られるべきだというこの思想は、現在から見ても斬新である。

しかし、残念なことに、ノアも、彼の神様も、地球の生態系が食物連鎖によるピラミッド構造をしているのだということを理解していなかった。

たった一ペアからの再生という聖書の記述がもし真実だったとしたら、その後の生き物の歴史は、相当ゆがんだものになったはずだ。

簡単にシミュレーションしてみようと思う。

箱舟の上では、お腹をすかせたウサギが、目の前にあるニンジンを齧《かじ》っている。その瞬間にニンジンは絶滅してしまう。なにしろ、ニンジンは、一本だけしか船に乗せられていなかったからだ。

そのウサギを、通りがかったキツネが襲う。ウサギの注意はニンジンに集中していたので、彼の背中はまったくの無防備だったのである。その瞬間に、ウサギも絶滅。さらに、そのキツネをトラが喰う。哀れ「トラの威を借るキツネ」ということわざも、考案される前に消滅してしまうのである。

皆さんご存じの通り、実際の地球上では、そんなことは起こらなかった。

なぜなら、喰われる側は、常に喰う側よりも圧倒的に数が多かったからだ。

そういう、喰う、喰われるの関係を描いた絵を「生態系ピラミッド」と呼んでいる（口絵参照）。

一番上には、純粋な肉食動物がいる。日本の国外まで含めると、ここにはライオンやトラやオオカミが描かれるのだろうけれど、オオカミを滅ぼしてしまった日本では、口絵のようにワシやタカを描くしかない。

（ちょっぴりサミシク思うのは、ぼくだけだろうか）。

その下には、雑食動物が描かれる。雑食動物の中には、かつては人間も含まれていたのだけれど、この特殊な生き物は、文明の発生と共にピラミッドの外に飛び出して、とんでもなく利己的な独自の生態系を築いてしまったので、この絵からは除外している。

雑食動物の下には、純粋な植食《しょくしょく》動物が描かれている。植物食という意味では、鹿もチョウチョも同格に描いている。ちょっと粗雑なのではないかというご意見もあるかもしれないけれど、この描き方が重要なのだということが、おいおい明らかになってくるはずだ。

そしてさらに下には、生産者としての植物と、すべての基盤である土壌が描かれている。

☆

ピラミッドという言葉が表しているように、地球上に住んでいる生き物たちは、上に行けば行くほど種の数が少なくなる。同時に、それぞれの種の人口（人間じゃないんだから「人口」はおかしいだろうというご意見もあるだろうけれど、タカ口とかクマ口とかチョウチョ口なんて、いちいち書き分けるのは面倒なので、とりあえず「人口」で通すことにする）も少なくなる。反対に下に行けば行くほど多くなるということだ。

喰う側よりも、喰われる側が多くなければならないのは、ちょっと考えれば当たり前のことだろう。

ということで、次にそれぞれの階層をもう少し丁寧に見ていこうと思う。

ピラミッドの底辺には、土壌がある

「土壌」は単なる「土」とは違う。

いや、まあ、土の一種ではあるのだけれど、砂や粘土などの無機物だけでできている「冷たい」土とは違い、長年の生物活動の影響を受けてできあがった、有機物や微生物、土壌動物などを豊富に含んだ、ふかふかで「温かい」手触りの土のことである（したがって、四億四〇〇〇万年ほど前に陸上に植物が上陸する以前の地球には、現在のような「土壌」は存在しなかった。岩石が風化した無機質の「土」と、わずかな微生物程度しかいない世界だったのだ。土壌もまた、生物と共に進化してきたのである)。

☆

この土壌が、地球上の陸地の表面を厚いところで数メートル、薄いところでは数センチから数ミリという厚さで覆っている。

土壌がまったくないところには、生き物はほとんどいない。砂漠や岩場などを思い浮かべればいいだろう。しかし、そんな過酷な条件下でも、水さえあれば、そこにしぶとく生きる生き物たちの力で、ゆっくりと土壌は形成されていく。

バブル崩壊後に全国に見られた、建設途中で放棄された廃墟を思い浮かべてみよう。最初はコンクリートと痩せ土しかなかったような場所に、いつの間にか草が生えてくる。するとその草の根の力でゆっくりと土が耕され始め、そういう歳月を繰り返すうちに、草に勢いがついてくる。すると、毎年積み重なる草の遺骸で腐葉土ができ、風で飛んできた種や、鳥が糞と共に撒き散らした種から、木の芽が生えてくる。「やがて野となれ、山となれ」という言葉の通りの鬱蒼《うっそう》とした茂みが廃墟を覆うころには、地面には豊かな土壌が（わずかな厚みではあれ）つくり出されているのである。

☆

そういう土壌の中には、文字通り「無数の」生き物たちが棲んでいる。大きなものでは、モグラやミミズ、シデムシなどの土壌昆虫や、カビやキノコ、小さいところでは、ダニの仲間や線虫の仲間、酵母や細菌、放線菌などの微生物なども忘れてはならない住民たちである。

そういう生き物たちが、枯れた根や、毎年地上に降ってくる枯れ葉や落ち枝などを餌にして繁殖し、お互いに喰い合いながら土を耕している。

こうしてできあがった土壌は、いわゆる「団粒構造」をしている。植物や動物の遺骸が微生物によって分解され、そうしてできた腐植が、土や砂の粒を接着して小さな団子状の構造をつくり出す。そして、団子と団子の間にはスポンジのような空間が生まれていく。

団粒の生成には、ミミズ等の土壌動物の力も相当に大きい。ミミズは腐葉土や死んだ根などを土と一緒に食べて、それらを混ぜ合わせて糞として排泄する。その糞は、まさに団粒そのものの形をしている。

「団粒って、こういうことですよ」

と説明する時に、ぼくはしばしばミミズの糞が地表にかたまっているような場所を使っている。

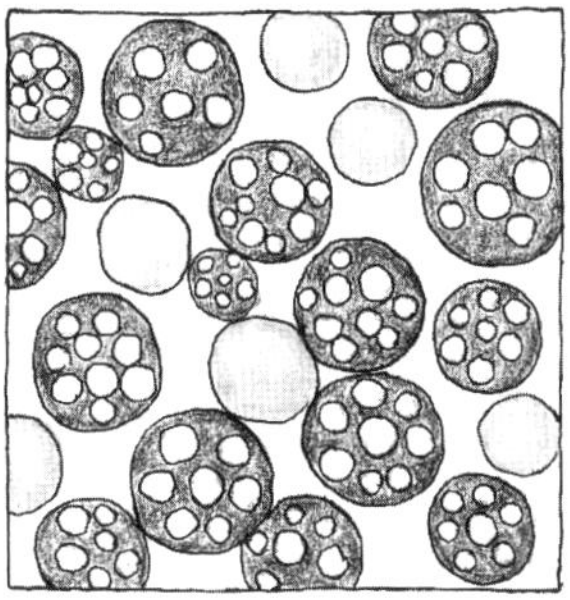

団粒化した土壌。スポンジのように
隙間が多いため、水はけも
水持ちもいい。地下水にとっても、
植物にとっても理想的。

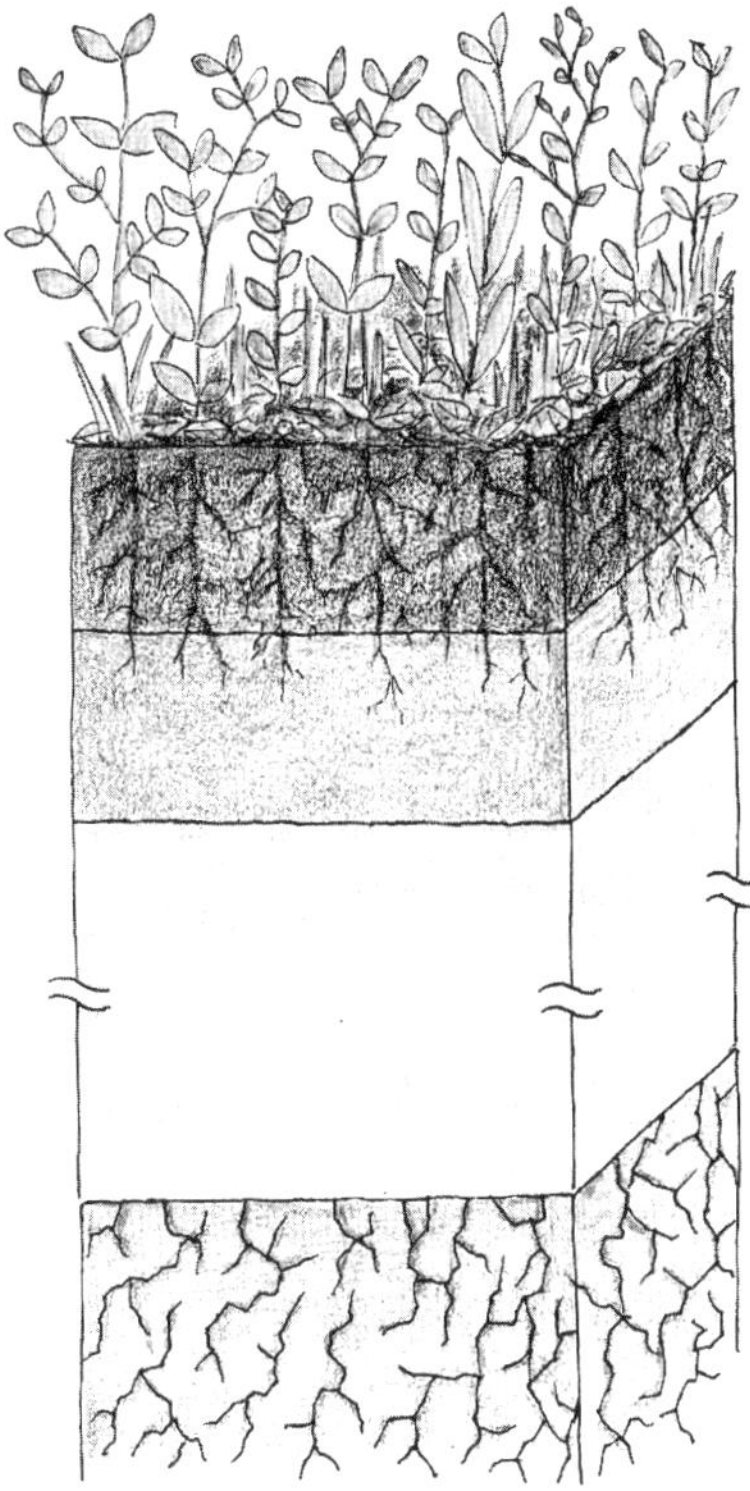

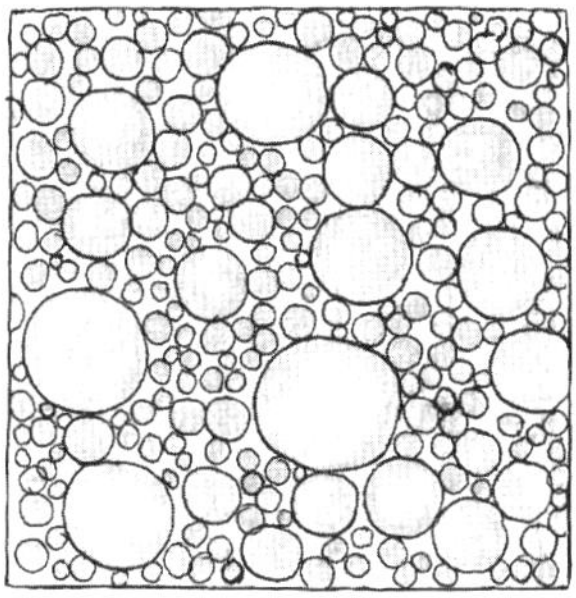

植物が生えていない無機質だけの土。
ぎっしりと詰まっているために
水が浸み込みにくい。

草に覆われた森の土の中は、
こんな風になっている。
上から有機物に富んだA層、
有機物の影響で茶色く色づいたB層、
基盤岩が風化して水が浸透しやすく
変化したC層、基盤岩。

ちなみに、進化論で有名なチャールズ・ダーウィンの最後の仕事は、まさにこの「ミミズが土壌をつくっている」ことを証明することだったのだけれど、進化論が神への不敬として袋叩きにあったように、「ミミズが土壌をつくる説」も進化論同様に袋叩きにあった。「神様が人類のためにつくってくれた豊穣な土壌」が、ミミズみたいな下等動物の力でできるだなんて、敬虔なキリスト教徒には、とうてい納得できなかったのだろう。ま、その「気分」はよく分かる。「進化論否定論者」が、「ミミズ土壌進化論」だけに納得できるはずがない。ダーウィンさんは、もしかすると袋叩きにあうのが趣味だったのかもしれない。

☆

さて、こうして「団粒化」した土壌の上に雨が降ると、相当激しい豪雨でも、ほとんどの水はスッと浸み込んでしまう。団粒と団粒の間の空間はしばしば土壌全体の五〇%を超えるので、団粒化した土壌の深さが一メートルあれば、五〇〇ミリの豪雨でも簡単に浸み込んでしまう。スポンジ状の空間に蓄えられた雨水は、さらに深いところに浸み込んで地下水になったり、斜面方向に地下を流れて谷にゆっくりと浸み出し、清冽《せいれつ》な渓流水になったりする。土壌は「水の母」でもあるのだ。

反対に、地表に団粒化した表土がない場合には、降った雨は、地面になかなか浸み込むことができないため、地表を走ることになる。「洪水流出」である。そういう山から流れ出る川は、大雨の時には濁流となり、雨が少ない季節には枯れ沢になりやすい。逆に言うならば、大雨の際にも濁らず、乾燥季にも豊かに水が流れている川の上流には、団粒化した土壌に覆われた健康な森があるということだ。

☆

一方、団粒の一粒一粒の中に浸み込んだ水は、そう簡単には抜けない。そのため、雨の降らない日々が続いても、森の土はしっとりと湿っている。

雨が降ってもビチャビチャにならず、雨がなくてもカラカラにならない。つまり「水はけも水持ちもいい」木や草にとって理想的な水分条件が確保されるということだ。

さらに、団粒の中は微生物たちの天国である。

微生物は、雨や動物の糞などに含まれる「汚れ」をきれいに喰い尽くしてくれる。ウイルスや大腸菌なども、ちょっと大きな微生物にとっては、かっこうの餌になる。亜硫酸や硝酸などの大気汚染物質も、限度を超えさえしなければ、すっきりと浄化してくれる。世間では「地下水をきれいにろ過するのは、地下深くの地層だ」という説明がしばしばなされているけれど、浄化機能のほとんどは、実は、表層の土壌が担っているのである。

「地下深くの地層」の役割は、むしろ土壌がきれいに浄化した地下水に、適度なミネラルを溶け出させておいしいミネラルウォーターに磨き上げることにある。

地下深くから湧き出したり、汲み上げられたりした地下水＝ミネラルウォーターが素晴らしくおいしいのは、そのためだ。

☆

団粒化した土の中には、植物の成長に必要な栄養分もたっぷりと蓄えられていく。

植物の根は、地中の深いところからリンやカリウム、カルシウムなどのミネラル分を吸い上げてくる。それらのミネラルや、空気中から雨と一緒に降ってきた窒素化合物、根粒菌や放線菌などの「窒素固定菌」によって固定された窒素肥料等は、いったん樹木や草に吸収された後、落ち葉や落ち枝の形で土壌の表面に降り積もることで、土を肥やしていく。土壌中の微生物も、余分な肥料分をいったん吸収して繁殖し、死んだ時にゆっくりと分解して地上の植物に栄養を与えるという形で、植物にとっての理想的な肥料供給源になっていく。

☆

こうして土壌が豊かになればなるほど、植物も元気になっていく。

そして、植物が元気になればなるほど、土壌も豊かになっていくという正のフィードバックが確立する。

土壌と植物は一体をなして育っていくのだ。

土壌の上には、生産者としての植物が位置している

地球上で無機物から有機物を生産できるのは植物だけだと言われている。

実際には、かなりの数の微生物も有機物の生産者だし、植物の中にも、ギンリョウソウのように葉緑素をもたず、もっぱら他の植物や菌類に寄生している変わり者もいるのだけれど、そういう例外にこだわっていると話がややこしくなるので、ここでは教科書的に「生産者は植物である」という単純化をしておこうと思う。ま、それで大勢的には間違いではないのだから、いいとしよう。

植物は、太陽エネルギーを使って二酸化炭素から糖を合成し、それを元にして、あらゆる有機物を合成していく。

ピラミッド上で、植物よりも上に描かれているすべての動物は、こうして合成された栄養分を直接食べるか、あるいは直接食べた生き物を間接的に食べることで生きている。

植物よりも下に描かれている動物や微生物も、基本的には植物が合成した有機物に依存している。

☆

そして植物の上には、植食動物が、さらにその上には雑食動物が位置している。

ここで注意しておきたいのは、植食動物――つまり「植物のみを食べている動物」のかなりの部分が、一種類、あるいは数種類だけの植物に依存する傾向が高いという点だ。

たとえば、多くのアゲハチョウの幼虫は、ミカン科の植物だけを喰う（アオスジアゲハだけは、なぜかクスノキ科の葉を喰う）。日本の国蝶であるオオムラサキは、幼虫の時はエノキの葉だけを喰い、大人になるとクヌギやコナラの樹液を吸って生きる。こういう単一の食草だけに依存する動物を「スペシャリスト」と呼び、反対にアメリカシロヒトリや鹿に代表されるように、なんでも喰うタイプを「ゼネラリスト」と呼んでいる。

スペシャリストは、他のスペシャリストと餌で競合することがないので、そういう意味では悪い選択ではないのだけれど、なんらかの理由で食草が失われると、その場所ではいきなり絶滅してしまう。たとえば、大食いの上に外来種でもあるアメリカシロヒトリみたいなとんでもないゼネラリストがやってきて、食草を喰い放題に喰い始めたら、日本のか弱いスペシャリストたちに勝ち目はない。そういうリスクをはらんだ生き方でもあるということだ。

一方、なんでも喰うゼネラリストには、そういうリスクがない代わりに、他のゼネラリスト、スペシャリストを含め、すべての植食動物、雑食動物と餌を争うことになる。

いいことばかりの生き方はないということだ。

なにも人生だけの話ではない。

雑食動物は、植物と動物の両方を喰う。☆

クマみたいに大きな生き物が、ワシ・タカの下に描かれているのは、そのためだ。

ちょっと意外かもしれないけれど、クマの食卓を覗いてみると、動物よりもはるかに多くの植物が並べられている。フキがおいしい季節のクマの糞はフキの匂いがするし、サルナシ（キウイの原種に近い日本の野生クダモノで、超おいしい！）の季節のクマの糞はサルナシのジャムみたいに見える。先日、この糞を「サルナシのジャムだ」とだまされて喰わされたというお馬鹿の話を伝え聞いたが、ホントかウソかは知らない。

ちなみに、もしクマが純粋な肉食動物だったら、あんなに図体の大きい動物は、食料不足でとっくに絶滅していただろう（あるいは、人間に絶滅させられていただろう。オオカミと同様に）。

一番上にいるのが、純粋な肉食動物である

純粋な肉食という定義からすると、本当はクモも一番上に描かれてもいい動物である。だって、純粋に「虫」という「動物」ばっかりを食べているのだから。

とはいえ、クモをクマやキツネの上に描くのは、さすがにためらわれた。

クモがクマを食べている風景というのは、ちょっと想像できなかったし、それに、喰っている餌が比較的低い階層に位置する昆虫ばかりなので、ま、このあたりが適当かな、という……つまり、このピラミッドの絵ではそういうアイマイさというか、ユラギを許している。現実の生態系は、アイマイなユラギの中にあるので、「定義」よりも「現実」を優先した結果だと、よい風にご理解いただきたい。

☆

ピラミッドの頂点に位置する動物を、専門用語では「アンブレラ種」と呼んでいる。日本の場合にはワシ・タカ、海外ではライオンやトラなどがここに描かれることになる。いずれも獰猛《どうもう》そのもので、いかにも強そうに見えるし、実際、一匹一匹の強さということでは半端でなく強い動物ばかりである。

山で会っても喧嘩したいとは思わない。

とはいえ、彼らは、環境的には、最も脆弱な生き物でもある。

なぜなら、彼らが生きるためには、彼らの餌となる動物たちが潤沢に生きていけなければならず、そのためには、その餌動物たちの餌が豊かでなければならず、さらにその餌となる動物や植物が多様に生きていける環境が必要になるからだ。

環境が劣化すれば、最初に絶滅するのはアンブレラ種である。

（人間社会では、なぜか、そうはならない。会社がおかしくなると、ピラミッドの底辺の平社員からリストラされ、いよいよダメになっても、オーナーが会社の金を持ち逃げして生き延びるなんてことが、しばしば起きる。生態学的には不思議という他にない。人類は、やっぱり変な生き物なのかもしれない）。

☆

さて、そういう意味では、「環境保護」を考える際に、アンブレラ種を「指標生物」にするというのは正しい考え方である。

アンブレラ種が生きていける環境を守るためには、それなりに「大きな」生態系ピラミッドを維持していく必要があるからだ。

ぼくの会社で整備している全国の「天然水の森」でも、猛禽類をシンボルにして、「ワシ・タカ子育て支援プロジェクト」という生物多様性保護活動を行っている。

ちなみに「天然水の森」というのは、サントリーが全国の工場で汲み上げている地下水よりも多くの水を、工場の水源涵養《かんよう》エリアにある森や湿原、水田などで育もうという活動である。

二〇一五年現在の整備面積は、約八〇〇〇ヘクタール。山手線の内側が約六三〇〇ヘクタールなので、結構広い。歩くだけでもくたびれはてるのだけれど、いや、まあ、そんなこと

「天然水の森」の上空を舞う、日本のアンブレラ種であるクマタカ。

はどうでもいい。いまは、「ワシ・タカ子育て支援プロジェクト」の話だった。

この活動のキモは、「子育て支援」という点にある。

最近、企業のCSR（企業の社会的責任）レポートなどでも「私たちが管理している森には、オオタカがいます」というような報告をする会社が増えてきた。それはそれでいいことなのだけれど、本当に大切なのは、実は、「そこにいる」ことではなく、「子育てに成功」しているかどうかなのだ。

なぜなら、彼らワシ・タカはしばしば非常に長命で、しかも狩りが得意なために、自分たちが生き延びるためだけだったら、とんでもない遠方まで遠出をしたり、狩り場を転々としたりすることで、充分に生きていけるからなのだ。

しかし、子育てとなると、そうはいかない。

安全な営巣場所と、その近くにヒナ鳥たちのための餌を潤沢に獲れる狩り場というセットが、最低限必要になる。

巣から十数キロなんていう遠方でウサギが獲れたとしても、そんなものをヒナ鳥のところまで運ぶことは不可能だろうし、そんな遠出を繰り返していたら、大切なヒナを、カラスなど（ヒナにとっての天敵）に喰われてしまうリスクも格段に高くなる。

☆

ただし、アンブレラ種の「子育て支援」のためには、とんでもなく広い行動圏を環境的に守っていく必要がある。イヌワシでは、最低でも一万ヘクタール。クマタカで五〇〇〜一〇〇〇ヘクタールというから大変だ。

ちなみに、東京ディズニーランドが約五〇ヘクタールだから、クマタカでもディズニーランドの十数個分が必要で、山手線の内側、約六三〇〇ヘクタールのすべてを立派な森に再生しても、わずか一〇つがい程度しか棲めないという計算になる。ディズニーランドの中に何匹のミッキーマウスが棲んでいるのかは知らないけれど、ぼくなんかよりずっと図体のでかい大型哺乳類のミッキーよりも、何十倍もの面積を必要とするのである。

ましてや、イヌワシにおいてをや、だ。

☆

そういうことを、講演会などで話すと、たいてい醒めた目の可愛げのない子供たちから、「そんなに大変なら、べつにワシやタカなんかいなくなってもいいんじゃね？」

などという質問が出てくる。

「だって、おれら都会っ子には関係ないじゃん」

ま、一見、まことにもっともな話ではある。

しかし、人類は過去数千年にわたり、まさにそういう「関係ないじゃん」という感覚で次から次へと自然を都合のいいように改変し、いまのような地球をつくり上げてきたのである。

その結果、どんな現在があり、どんな未来が訪れようとしているかについては、この本でも、おいおい見ていくことになるだろう。

ピラミッドの生物たちは、食物連鎖でつながっている

生態系ピラミッドは、食物連鎖による構造だということは、すでに述べた通りである。

ただし、その関係は、単に強い者が弱い者を喰うという、いわゆる「弱肉強食」という言葉で表されるほど単純なものではない。

彼らは喰い合うことで、絶妙のバランスを保っているのだ。

たとえば、ある種の虫が大発生すると、それを好む小鳥たちがどこからともなく大量にやってきて、一定の数まで喰い尽くす。

それで小鳥が増えすぎるかというと、そんなことはない。小鳥たちは、餌を適度に喰い尽

くして、元のバランスに戻ったら、またどこへともなく分散して去っていく。

こうして、虫の大発生で全滅しそうだった植物も、かろうじて救われることになる。

☆

同じようにネズミが大発生すると、いつの間にか捕食者である猛禽類やキツネなどが増えてくる。チェルノブイリの原発事故後に、放置された畑の作物を餌にして、ネズミが大発生したことがあったという。行政は殺鼠《さっそ》剤の散布を検討したようだが、科学者たちが、これを止めた。そして、科学者たちの予想通り、フクロウやタカなどの猛禽類やキツネなどの肉食哺乳類が増え、両者のバランスが適度になった段階で落ち着いたのだという。

もっとも、これには思わぬ副産物もあった。人家の煙突に好んで巣をつくっていたコウノトリが激減してしまったのだ。人間という守護者を失ったコウノトリには、急増した猛禽類からヒナを守ることができなかったのである。

（放射能まみれのネズミを喰った肉食動物のその後については、さらなる調査が必要なのは言うまでもないが、それはまた、別の話である）。

こんな風に、生態系ピラミッドの中では、なにか一種類が増えると、必ずそれを喰う捕食者も増えて振り子を元に戻すという絶妙のバランス装置が働いている。

ピラミッドのバランスが崩れる時

そういう自然界のバランスが、時に大きく崩れることがある。

原因をつくるのは、たいていの場合、人間である。

人間が自然界に介入する際に、最も破滅的な悪影響を与えるのは、もともと増えやすいタイプの動物の、「天敵」のほうを滅ぼしてしまうという愚挙である。

日本で一番分かりやすい例は、オオカミと「若くて生きのいい猟師」という天敵を滅ぼしてしまった結果、とめどなく増え続けている鹿の問題である。

新聞やテレビでは、鹿問題は林業や農業被害として報道されることが多いのだけれど、実態はそれどころではない。鹿は人工林・天然林を問わず、山の中の草という草、低木という低木を喰い尽くし、地面を丸裸にしてしまっている。口の届くところにある木の枝もすべて喰うため、森の中は、公園のように歩きやすい風景に変化してしまっている。

二〇一三年の環境省の発表によると、一九八九年に全国で三五万頭ほどだった鹿が、二〇一〇年の段階で恐らく三二五万頭に増えているという（ここでは環境省が発表した「北海道以外」の棲息数に、北海道が発表した推計値を重ねている。推定値の中央を採った数字なので、最多の推定だと六五〇万頭という恐ろしい数になり、最少の推定でも二〇〇万頭になる）。

メスは一歳から妊娠し始めて、二歳以上は約八〇%が妊娠するので、放っておくと毎年自然に二〇%くらいずつ増えてしまう。

そういう中で、毎年猟師さんが獲っている数が四七万頭ほどしかいないのだから、仮に中央値の三二五万頭を採用しても、翌年には一八万頭も増えることになる。最多予想の六五〇万頭の場合には、なんと一年で八三万頭も増えてしまう!!

全国の鹿人口が一〇〇〇万を超える日も、さして遠いことではないだろう。

人間一〇人に対して鹿一頭だ。

日本人が減少傾向にあることを考えると、鹿の数が人間を追いこす日も、そう遠くないかもしれない。鹿に投票権があれば、日本の首相が鹿になる日だってあるかもしれない(笑)。幹事長が馬なら、申し分ない馬鹿国家ができあがる。

☆

鹿のほうも不幸なのである。

好きな草から順番に食べ、順番に滅ぼしていくために、いまでは昔だったら考えられないような、まずかったり毒だったりする草木を食べざるを得なくなっている。ぼくが整備している森では、トリカブトまで喰い始めている。トリカブトって、あの猛毒のトリカブトですよ。昔の人がヤジリに塗って狩りをしてたっていう、あの毒草。

ディアラインと呼ばれる鹿のフィールドサイン。鹿の口が届く範囲はすべて喰い尽くされている。

そんなものまで喰わざるを得ないというのは、いったいどんな気分なのだろうと思う。

少なくとも、幸せではないだろう。

昔は絶対に登らなかったような高山にも餌探しに登るので、希少な高山植物なども、次々に絶滅している。

鹿は好きな草から順々に滅ぼしていくので、それぞれの草に依存しているスペシャリストたちも次々に姿を消す。チョウ好きな人たちは、その種類の激減に愕然とし、涙を流している。

ウサギのような小型の植食哺乳類も、ひどい目にあっている。食草をいち早く鹿に喰い尽くされてしまうのだから、たまったものではない。

鹿の多い土地では、ウサギの姿を見かけることが、ほとんどなくなってしまった。

地域によっては、ウサギに典型的なY字型の足跡や、丸い繊維質の糞、ナイフでスパッと切ったような鋭い食痕……といった、彼らの生息を示す特有の「フィールドサイン」が一切なくなってしまったところがある。恐らくは、絶滅してしまったということなのだろう。

笹を喰い尽くされると、主に笹原で生活するコマドリなどの野鳥もいなくなる。山で聞く鳥の声が、ひどく単調になってしまったのをさみしく思っているのは、ぼくだけではないだろう。

クモも少なくなる。餌となる虫が激減するだけでなく、巣を張る枝もなくなってしまうからだ。

隠れ家がなくなったネズミの仲間も急速に数を減らす。

ウサギやネズミがいなくなるので、それを餌にしている猛禽類も大ダメージを受ける。

いまや鹿一人のために、生態系ピラミッドは歯抜け状態である。

☆

さらに悪いことに、草を喰い尽くされた山の斜面では、雨が直接地面を叩くために、激しい土壌流失を招き、ひどい場合には山崩れも起こす。

先にも触れたように、「土壌」は、生態系ピラミッドと健全な水循環の「基盤」である。その基盤が崩れれば、ピラミッドの全体が崩れてしまう。

都会人にとっても人ごとではない。

健全な水循環の基盤が崩れれば、大雨の時には洪水が起こりやすくなり、雨が少ない季節には水不足のリスクが高くなる。今後の気候変動で、雨自体の降り方も極端になるとすれば、そのリスクはさらに高まっていくことになるだろう。

増えすぎた鹿は、オオカミで解決できるか

鹿問題は、オオカミ（とたぶん若い猟師）というアンブレラ種の絶滅が、下位の動物の大発生を招き、ピラミッド全体に引き起こした大混乱の、象徴的な一例にすぎない。

と、こう言うと、

「だったらオオカミを導入すればいいじゃないか」

なんていう素晴らしいアイディアを思いつく人が、必ずいる。

バカなことを言ってはいけない。

三〇〇万頭以上もいる鹿をオオカミで減らそうとしたら、いったい何万頭のオオカミが必要になるかを想像してほしい。数万頭のオオカミが日本の山野を駆け巡る光景なんか、絶対に見たくない。

その上、オオカミの主食は、通常、もっと小型の動物なのだ。

オオカミなんかを放ったら、鹿のおかげでそれでなくとも激減しているウサギやネズミが、

鹿が多い土地の生態系ピラミッド。
放っておけば、まだまだひどくなるだろう。

真っ先にトドメを刺されてしまうだろう。

かつてオオカミがバランス装置の一角を担うことができたのは、彼らがたまに狩りをする程度でもバランスがとれるくらいに、もともとの鹿の数が少なかったからなのだ。

☆

ピラミッドの上位の動物を滅ぼすことが下位の動物の大繁殖を招きやすいという意味では、農薬問題も、たぶん同じである。

農薬は、害虫だけではなく、肝心の捕食者である益虫やクモまで殺してしまう。もう一度ピラミッドを思い出してほしい。益虫やクモは、下位の動物である害虫よりも圧倒的に数が少ない。したがって農薬によるダメージから逃れる確率も、そしてそこから復活できる確率も、当然小さくなる。つまり農薬は、「益虫やクモまで」殺してしまうのではなく、「益虫やクモのほうから優先的に」滅ぼしてしまうのだ。

さらに悪いことに、肝心の病原菌や害虫のほうは、農薬を多用すると、必ず農薬に耐性を持つ方向に進化して再生してきてしまうのだ。細菌というのは、もともと遺伝的な変異を起こしやすい生き物だし、ほとんどの害虫の「生き残り戦略」は、一度に大量の卵を生み、そこから生き残った者だけが次代に命をつなぐことができるという、あらかじめ大量死を前提としたものだからである。そんな生き物を相手に殲滅《せんめつ》戦を挑んでも、勝ち目があるはずがない。必ず、一部が生き残り、その子孫はさらに強い農薬耐性を身につけて再生してくる。

こうして、バランスが崩れた田畑では、しばしば病気や害虫が大発生し、その結果、さらに多くの農薬を撒かなければならないという悪循環に陥る。

はたしてその先に「持続可能な農業」があり得るのだろうか。

☆

ちなみに、交配や遺伝子組み換え技術等で、人間にとって便利な遺伝子を導入した植物でも、事情は、まったく同じである。

ウンカという、稲を襲う害虫がいる。「雲蚊」という当て字があるくらいで、文字通り雲のような大群で田んぼに襲いかかる。大量発生の年には、見ていて背筋が寒くなることさえある。

このウンカに耐性がある遺伝子を導入した稲の「新品種」が最初につくられたのは、一九七三年のことだった。

この稲が普及すれば、数千年にわたる稲作農家とウンカとの戦いにも終止符が打たれるはずだ。そういって科学者たちは、胸を張ったのだが……。

ところが、どうだ。

たった二年で、この「新品種」を喰い荒らす「新型ウンカ」が大発生を始めてしまったのである。

このあまりの素早さに、科学者たちも真っ青になった。

その後、次世代の「新品種」が作出されたのだけれど、まったく同じ道筋をたどった。

どうやらウンカという虫は、一〇世代程度で農薬や耐性遺伝子などに対抗できるようになるようなのだ。そして、彼らは、一年に五、六回の世代交代をする。

とすれば、二年限定というのは、しごく当然の結果にすぎない。

遺伝子をいじった稲は、クモなどの天敵を滅ぼさないという意味では、農薬よりもはるかにましなのだけれど、しかし、これではただのイタチごっこだ。

その上、ウンカに耐性のある「遺伝子の候補」も、そんなにたくさんあるわけではない。すでにその大部分は「使用済み」になってしまった。

これでは、明るい未来があるとは、とうてい思えない。

「害虫」は、人間がつくったもの？

さて、鹿の害をさんざっぱら話した直後で恐縮なのだけれど、本来、自然界には、「害獣」とか「害虫」なんてものは存在しない。

もう一度、生態系ピラミッドを思い出してほしい。生態系のすべての構成員は、互いに喰い合ったり、助け合ったりして、密接に絡み合い、全体の調和をつくり出している。

したがって、なにか一種類の種が、他者を滅ぼすような勢いで増殖するようなことは、基本的に起こり得ないのだ。

鹿の場合にも、増える原因をつくったのは人間である。

オオカミは絶滅させるわ、戦後の拡大造林期には、新植地に大量の下草を生やして鹿に無制限の餌を与えるわ、増えすぎた時期にも頑固に保護をし続けるわ、地球を温暖化させて雪を減らし、死因の第一位だった雪による餓死をなくしてしまうわ、犬を使った巻き狩りで鹿を高山に追い込み、高山植物という新しい餌場を見つけさせてしまうわ……もう、滅茶苦茶である。

鹿に対しては、申し訳ないと言うしかないのだけれど、いまとなっては「ご免ね」とあやまって、ピラミッドの一員として正常な数になるまで、頭数を管理していく以外に道はない。

☆

一方、農業や林業で「害虫」が発生してしまうのは、虫が大量発生するような条件を、わざわざ人間がつくっているからに他ならない。

単一の作物を広大に育てるということは、その作物を好む虫に無限の餌を供給しているということを意味している。その上、化学肥料を多用した作物は、たぶん虫に好まれる。

山に植樹した経験がある人ならたいてい知っているように、化学肥料で育てた苗は、真っ先に鹿やウサギに喰われてしまう。葉っぱが柔らかくて食べやすいということもあるだろうけれど、もしかすると、自然界では「ミネラル」が希少な栄養素なので、野生動物は、化学肥料に含まれるカリウムやリン、窒素などの匂いに敏感に引きつけられるのかもしれない。同じことが虫でも起こっているのではなかろうか。

つまり、害虫を引きつけるような条件さえ取り除いてやれば、「害虫」もただの「虫」に戻るはずなのである。現に、有機栽培の田畑で肥料の過剰投与をやめると、虫も病気も劇的に減るという調査結果が、『有機栽培の病気と害虫』をはじめ、数多くの書物で報告されている。

☆

「自然界には害虫はいない」――そうぼくが言うと、いやそんなことはない。カシノナガキクイムシや松くい虫みたいな「害虫」が現にいるではないか、という反論が必ず返ってくる。

しかし、それは違う。

カシノナガキクイムシ(以後、面倒くさいのでカシナガと省略する)というのは、体長四～五ミリの小さなキクイムシで、いま、日本中のブナ科の植物を枯らして回って、世間の注目を集めている虫である。夏に山の半分が枯らされて赤茶色く紅葉しているような光景を見ると、確かに慄然《りつぜん》とさせられる。

しかし、この虫も、本来はいい子だったはずなのだ。彼らは、若くて成長のいい木は絶対に喰わない。山の中で、「そろそろ枯れることにしませんか」というようなコナラやクヌギの老木を見つけては引導を渡し、森の若返りに貢献してきたのである。

ところが、ある時日本人は、人里に近い山に、カシナガの餌になるコナラやクヌギ、アベマキなどの、薪や炭にしやすい木をいっぱい植え始めた。

一〇〇〇年以上前のことだ。

「里山」とか「薪炭林《しんたんりん》」などと呼ばれるこうした森は、一五年周期なら一五区画、二〇年周期なら二〇区画に分けられ、毎年一区画ずつ皆伐していくという方法で利用されてきた。切り株からは、脇芽が一斉に生えてくるので、これを数本選んで育ててやれば、また一五年後、二〇年後には利用できる。理想に近い循環型林業である。

したがって、こういう林が適切に管理されている限り、カシナガに喰われるような大木に育つなんてことは、あり得なかったのである。

ところが、戦後のエネルギー革命で、薪や炭に利用価値がなくなると、里山林は一斉に放棄され、巨木化が始まってしまった。こうして、ある時、カシナガが気がつくと、目の前にゴチソウの山が広がっていたというわけだ。

ゴチソウを前にしたカシナガは、一気に大繁殖を始め、山という山のコナラやクヌギを喰い殺し始めた。

それが、つまり、話題の「ナラ枯れ」の正体だ。

やっぱり、人間が原因をつくっていたのである。

しかし、その枯れあとをよく調べてみると、意外にも、大きな問題が起こっている山はほとんどない。当初はすべてのコナラ、クヌギが枯れてしまうかと恐れられていたのだけれど、なんのことはない。コナラでも最大で七割、クヌギではほんの一割程度しか枯れていない。

だとすれば、増えすぎたコナラ・クヌギを自然の力で間引きし、もっと多様な木々が入り込める余地をつくってくれているだけのようにも見える。

要は、人間が不自然な山をつくりすぎていたのを、カシナガの力を借りて、大自然が矯正してくれているということだ。

（ただし、コナラよりも標高の高いところに生えるミズナラの場合には、この限りではない。冷涼な気候のミズナラ帯には、もともとカシナガがいなかったため、この木にはナラ枯れ病に対する抵抗力がまったくない。したがって、いったんカシナガに侵入されると、ほぼ一〇〇%が枯れてしまうのだ。もっとも、これだって、よく考えてみれば、カシナガからの時宜を得た「警告」なのかもしれない。カシナガが侵入したということは、すでにその場所の平均気温は、地球温暖化のために、コナラ帯の温度に変化してしまっているということだ。だとすれば、より温暖な気候にふさわしい木々に樹種転換していく必要がある。ぼくが整備している「天然水の森」では、その準備のために、周辺の森から採ってきた種子による苗木生産を始めている)。

☆

すでにお分かりだろう。つまり、自然界には、なんの役にも立たない生き物はいないのだ(人間社会とはそこが違う)。いないほうがいい生き物もいない(そこも人間社会との大きな違いだ)。「害虫」などは、概念そのものが存在しないのである。

人間界には、「一人はみんなのため、みんなは一人のため」という、とてもいい合言葉がある。

そういう言葉があることからも分かるように、人間社会では、そんな理想は絵空事にすぎないのだけれど、自然界では、むしろそれが当たり前なのである。

☆

松くい虫のほうは、ちょっと事情が違う。

あれは外来種である。日本在来のマツノマダラカミキリ(松の斑髪切り)というカミキリムシに、マツノザイセンチュウ（松の材線虫）という外来種が共生し、マツノザイセンチュウに抵抗性のない日本の松を一緒になって枯らしているという病気である。

外来種の困った点は、彼らを抑え込む天敵や環境が日本にはない、という点だ。したがって、増えるとなると、とめどなく増えてしまう。

というわけで、「松枯れ」は、いまのところ止めようがない。

殺虫剤を空中散布するようなこともしているけれど、農薬は、木の中にいるザイセンチュウには効かない上に、ザイセンチュウを運ぶカミキリムシを喰ってくれるはずの鳥たちも殺してしまうので、本質的には役に立っていない。殺虫剤を撒き続けている間は、（カミキリムシにはとりあえず効くので）なんとなく効果があるように見えるけれど、なんのことはない。農薬散布をやめたとたんにカミキリムシが大発生し、松の大量枯死が起こるという、訳の分からない事態を各地で招いている。

マツタケ狩りを趣味にしている人たちが、農薬の樹幹注入という手で、単木的に松を守る作戦を遂行している地域もあるけれど、日本全国で、そんな地道なことをするわけにはいかないだろう。第一、そんなことをしたら、農薬会社が儲かりすぎてしまう。樹幹注入剤というのは、思いのほか、高いのだ。

ただし、ここにきて、そうやって枯れていく松が落としたマツボックリから芽生えてきた松の中に、マツノザイセンチュウに耐性を持つものが生まれ始めているという朗報が出てきている。外来種に対する自然な防衛機構が働き出したということなのかもしれない。だとすれば、枯れた松林を、マツボックリからの実生《みしょう》によって再生していくことで、明るい未来が開けるのかもしれない。

県によっては、林業試験場がつくった耐性松を奨励しているところもあるけれど、実生で解決できるなら、それに越したことはない。

人間がつくった耐性松は、たった一種類の遺伝子しか持たないクローンだからだ。山にクローンを増やすのは、杉・ヒノキの人工林だけで、もう充分だろうと思う。自然な実生なら、すべて遺伝系が異なっているし、しかも親たちは、古くからそこに育っていた松なのだから、言うことはない。

水中の鹿——鯉

反対に、人間がピラミッドの上位動物を人為的に移入した場合にはなにが起こるだろうか。

全国の湖や川に放流されたブラックバスが、在来魚を滅多やたらに喰い荒していることは、すでに多くの方がご存じだろうし、ブラックバスを駆逐しようという運動も、すでに各地で盛んに進められているけれど、実は、ブラックバスよりもはるかに早く、全国の川や池に放流され、とんでもない悪さをし続けている魚がいることは、意外に知られていない。

鯉である。

「鯉？　でも鯉は日本の魚じゃないの？」

とおっしゃる方が多いかもしれないけれど、実は、ぼくらが普通に「鯉」として認識している魚は、錦鯉だろうが、黒い色の鯉だろうが、すべて人間が改良（改悪）した一種の家畜である。

日本にも、鯉の原種はいたようだけれど（化石が出てくるので）、その後に放流された改良（改悪）種と滅多やたらに交雑してしまったので、純粋な原種はもはや存在していない（ノゴイという野生種がいることはいるが、これは鯉とは別種である）。

したがって、日本在来の鯉がどんな食性を持っていたのかは誰にも分らないのだけれど、少なくとも現在日本にいる鯉は、水草だろうが、小型の在来魚だろうが、カエルだろうが、トンボのヤゴだろうが、貝だろうが、すべてを喰い尽くしてしまう、貪欲を極めた悪食《あくじき》魚である。

もちろん、観賞魚や養殖魚として閉鎖された水域、つまり庭の池とか水槽とか養殖場の中だけで飼われている分には問題はない。錦鯉なんか、日本が誇る文化遺産のひとつだとも言えるだろう。

しかし、それが、いったん開放された水域に出てしまうと、同じ魚が、いきなり害魚に変わる（害虫って言葉があるんだから、「害魚」もあっていいんじゃないかってことで、たったいま思いついた造語です）。

鯉が入った水域の生物多様性は一気に低下する。なにしろ、魚だけでなく、水草などの植物まで喰い尽くしてしまうので、その悪影響たるや、ブラックバスやブルーギルどころの騒ぎではない。

「閉鎖された水域なら問題はない」と言ったそばから、「舌の根も乾かないうちに」と思うかもしれないけれど、実は、公園の池でもとんでもないことが起こっている。鯉以外の生き物がすべて喰い尽くされてしまっているのである。いや、「鯉以外」どころではない。彼らは、自分が産んだ卵や、そこから生まれた自分の子供たちも食べてしまうので、すでに巨大化した鯉以外は、まったくいなくなってしまうのだ。

普通、餌を喰い尽くしてしまえば、喰う側も餓死するしかなくなるはずなのだけれど、しかし、都会の池の場合には、鯉を愛するあまりに餌を撒く「心やさしい人々」がいる。そのため、すべてを喰い尽くした後でも、大きな鯉だけは生き残る。

富栄養化して抹茶のような色になった池に、巨大化した鯉だけが泳いでいる風景は、人類だけが生きている都会の風景の縮図のようでグロテスクである。

もっとも、多くの都会人は、それを不気味だとは感じていないようで、相変わらず可愛い（？）鯉に餌をやり続けている。

ちなみに、某公園で、池の生物多様性を取り戻すために「鯉を駆除しよう」と提案した知人がいる。ま、無謀というものである。そういう無謀さは嫌いではないのだけれど、ご想像の通り、彼は公園利用者から袋叩きにあったそうだ。

ということで、ぼくとしては、「実はそういうことなんですよ」というご指摘をするに留めておきたいと思う。

☆

生態系ピラミッドを構成している生き物の消滅や人為的な持ち込みは、それがどんなに目立たない種であろうとも、その種に頼っているスペシャリストを絶滅させたり、その種が捕食している餌生物の大発生や大絶滅を招きかねないということだ。

ただし、その影響を予測することは難しい。ひとつひとつの生き物の絶滅や大発生が、生態系全体にどんな影響を与えるかを予測できるほど、人類はまだ賢くないし、というか、たぶんそんなに賢くなることは、永遠にないだろう。

だったら、分からないことは、できるだけやらないほうがいいし、分かっていることは、できるだけ早く始めたほうがいい。

ピラミッドの頂点に位置するアンブレラ種の保護は、その第一歩なのである。ワシ・タカまで滅ぼしてしまったら、今度は、いったいなにが大発生したり大絶滅したりするのか。予測がつかないだけに恐ろしい。

「都会っ子には関係ないものね」と言っていた子供たち。

つまりは、そういうことなのだよ。

地球は大小のピラミッドが集まってできている

さて、話を森の生態系ピラミッドに戻す。

実際の森の中に入ってみると、森には、ひとつとして同じものはない。

九州の森と関東の森では生態系はまったく異なるし、同じ関東の中でも、平地と山ではピラミッドの構成員はがらりと変わる。山の尾根と中腹、谷筋でも生態系は異なるし、山以外にも、草原には草原のピラミッドがあり、湖や川、海にも、それぞれのピラミッドがある。小さな池の中にだって、独自のピラミッドがある。

そういう多様なピラミッドの総体として、日本全体の生態系ピラミッドがあり、さらにその総体として地球全体の生態系ピラミッドがある。

☆

では、その様々なピラミッドの状況は、日本の中ではどんなことになっているのだろう。

いまぼくは、日本全体のピラミッドは、「多様なピラミッドの総体」だと書いた。

その意味は、各ピラミッドは独立してあるのではなく、ピラミッドとピラミッドの間には本来生き物たちの交流があり、全体がひとつだということだ。

人体で考えれば分かりやすい。

心臓も肺も胃も腸も、それぞれは独立した組織としてあるが、すべてが集まってひとつであり、どこかひとつにダメージが生じれば、そのダメージは多かれ少なかれ全身に及ぶ。

人体で臓器や四肢を結んでいるのが、血液という「水」であるように、山と平野、海を結んでいるのは、川と地下水である。命を結ぶのは、常に「水」だということだ。

文明の歴史は、分断の歴史かもしれない

ところが、文明人は、「治水」という名目で、水による多様なピラミッド間の交流を分断したがる傾向がある。

洪水被害を防ぐという意味では、それは正しいし、「水の利用」という視点でも合理的である。

しかし、治水には別の一面もある。

コンクリート護岸は、川と周辺の陸地との「命の交流」を断つ。川底までコンクリートで三面張りされた川には、もはや生命は棲めないし、川の水と地下の水の入れ替わりという、地表水と地下水の交流も断たれてしまっている。

川の上流に建設されたダムは、魚類をはじめとする水生動物が上下に行き来する可能性を断ち切るだけでなく、森からの栄養分を下流に運ぶという、山と川、海をつないでいた物質循環の流れを断ってしまう。森からの落ち葉や豊かな養分が、ダム湖に沈んでヘドロ化したり、アオコの大発生を招いたりして、海に届かなくなってしまうのだ。森からの養分を失った海では、海藻やプランクトンなどの生産力が急速に失われる。海藻やプランクトンが育たなければ、魚も貝も育たない。

一方、森のほうも、海からの栄養分を失って痩せ始める。巨木の年輪を化学分析すると、ダム建設以前の年輪には、明らかに海由来の物質が含まれているらしい。川を遡上したサケやマスなどがクマやキツネ、ミサゴ（英語だと、いま話題の「オスプレイ」という名前になるタカの仲間。川の上をホバリングし、魚を見つけると急降下して両足でパッとつかみ取りにする）等によって森の中に引っ張り込まれ、そのまま肥料になったり、糞になって供給されたということだろう。

ダムが分断したのは栄養分だけではない。

大雨の際に山から流れ出す土砂が、ダム湖に沈殿してしまうため、ダムの下流で川底が剝き出しになったり、海岸の砂浜が消滅する例が多発している。

その海では、コンクリートの堤防が高く張り巡らされ、海と陸は文字通り分断されている。かつての砂浜と岩礁は魚たちの宝庫だったのだけれど、いまや磯の代わりにテトラポットが延々と並んでいる。

これでは、大動脈、大静脈を肉体から遮断したようなものだ。

もっとも、大動脈でつなぐべき肉体のほうも、もはやかつての面影はない。

川沿いにいくらでもあった湿原は次々に埋め立てられ、まずは田畑に姿を変え、ついで住宅地に造成されて、ほとんどが消滅してしまった。湿原は、洪水の際のバッファーとしての機能も兼ねていたので、これを埋め立てて住宅街にすれば、当然、洪水リスクの極めて高い町ができあがる。その町を守るためには、さらに堤防を高くしなければならない。高度成長と人口急増の時代には、致し方ない方策だったのだろうけれど、今後はどうだろうか。

草原もなくなった。草原を狩り場とするイヌワシのような生き物が絶滅の危機にあるのは、当然と言えば当然の帰結である。

山からは森の世話をする人の姿が消え、荒廃山林がどんどん広がっている。

残された田んぼも区画整理され、水辺の生き物たちの棲み家としての機能を失い、「米をつくる」という目的だけに特化した、いわば「米工場」と化しつつある。コンクリートの三面張りになった用水路の流れは、しばしば驚くほどに急で、魚や両生類が泳ぐことはできない。先日、試しに用水路にカエルを放り込んだら、ジタバタともがきながら、ピューッと流されていってしまった。

都市にいたっては、川さえもなくなった。川は暗渠《あんきょ》化され、下水道になりさがり、わずかに残された都市河川も下水道のはけ口になっているため、大雨のたびに汚い下水であふれかえるような状況である。

あまり知られていないのだけれど、都会の下水道の多くは、「合流式下水道」といって、雨水と生活用水とが、同じ下水道に流れ込むようにできている。したがって大雨の際には、あふれる危険がある。そのため、下水道の水が一定以上に増えた時には、「下水処理場の手前」で、処理能力を超えた分の水を近くの河川に一気に放流するという荒技が普通にとられているのである。

いいですか。下水処理場の「下流」ではなく「手前で」なのだ。

下水道の壁面には、ヘドロやら、油の固まりやらが、いたるところにこびりついている。大雨の際の激流は、そういう一番汚いものを洗い流しながら下流に向かう。

つまり、処理場の手前で川に放流されるのは、「一番汚い水」なのだ。

実際の放流現場を見ると、誰もがゾッとするに違いない。

なにしろ、臭いのだ。そして汚い。大量の雨水で希釈されるのだから、そんなに汚いはずがない、などという説もあるけれど、バカを言っちゃあいけない。洪水のような増水がおさまった後には、トイレットペーパーやら、コンドームやらが、いたるところに引っかかっている。

☆

ま、しかし、そういう治水施設のおかげで、ぼくらは洪水リスクのほとんどない生活を手に入れ、効率的な農業による安定した食生活を送ることができるようになったのだ。

もちろん、高度成長が続き、人口がどんどん増えていた時代には、この方針は、明らかに正しかったし、というか、それ以外の選択肢はなかっただろう。

しかし、これからはどうだろうか。

皮肉なことに、あれほど「安全」と信じて疑わなかった堤防やダムの信頼性は、その高度成長が世界中に広がったためにさらに加速している「地球温暖化」によって、急速に揺らぎ始めている。近年の台風や集中豪雨は、かつての「想定」をはるかに超えた激しさになりつつあり、今後は一層激しさを増していくだろう。

巨大地震や巨大噴火に対するこれまでの「想定」も、東日本大震災で、あっけなくくつがえされた。

新しい「想定」に基づくと、日本の人口の五割以上、資産の七割以上が、洪水と津波の高リスク地にあるという、なんとも恐ろしい結果になってしまうらしい。

スーパー堤防をつくれば、なんとかなるという学者もいるけれど、建設には利根川だけに絞っても一〇〇年以上の歳月がかかるという。一〇〇年たったら、最初に建設した部分は劣化して使い物にならなくなっているだろう。いや、それ以前に、そんなお金がいったいどこから出てくるのか。

自然と共生するインフラ

九州大学工学部の島谷幸宏教授の研究室では、新入生を相手に、毎年やっているアンケートがある。

「君たちは、トトロ型の未来に住みたいか、アトム型の未来に住みたいか」

というものだ。

トトロとは、宮崎駿さんの『となりのトトロ』で、自然と共生する未来像を象徴している。アトムとは言うまでもなく『鉄腕アトム』の超近代化路線だ。

驚いたことに（というか、当然なのかもしれないけれど）、いまの学生は、圧倒的にトトロ型を支持するという。文学部ならまだ分かるけれど、このアンケートの対象は工学部の学生なのである。文学部の学生ならば、さらに圧倒的にトトロだろう。

だとすれば、ぼくらには、別の未来の描き方があるはずなのだ。

自然の脅威を一〇〇％抑え込むインフラ（逆に言えば、いったん決壊したら大災害を生むようなインフラ）ではなく、自然に逆らわず、自然と共生しながら、命にかかわらない「ほどほどの」被災までは我慢しましょうという、ゆるやかなインフラ整備の模索である。もちろん、それは「万能」なインフラではない。でもそれでいいじゃないかと、若者たちは思い始めているのだ。

昔の人が聞いたら、なんて「いい加減な!!」と怒るかもしれないけれど、彼らは、そんな「良い加減」なインフラ――新たなインフラの形を、コンクリート時代の「グレーインフラ」に対比して「グリーンインフラ」と呼び始めている。

☆

世の中には、相変わらず、高度成長時代の夢にしがみついているおジイさんたちがいっぱいいるけれど、もうそろそろ若者に席を譲ってもいいんじゃないだろうか。

人間というのは、年をとったからといって賢くなる生き物ではない。いや、もともとそんなに賢い生物ではなさそうだ。

どうせ賢くないならば、せめて若者たちの未来は、若者たち自身の手で選ばせてあげましょうよ。

自分たちの責任でやっちゃったことなら、どんなにひどい結果になろうとも、多少は諦めがつくだろうから（笑）。

第二章

ピラミッドの基盤である「土壌」に、もう一度注目しよう

過去の文明は、土壌の豊かさを利用して勃興し、土壌を略奪し尽くして滅亡した

古代文明の多くは、大河の氾濫原で勃興した。

たとえば、黄河を例に見てみよう。

黄河の氾濫原では、洪水が運んでくる豊かな土壌が、持続的な農業を可能にした。洪水は、そこに住む人々に、時に壊滅的な打撃を与えもしたけれど、そのリスク以上に、土の豊かさは魅力的だったのだ。

ところが、文明が進むにつれ、「治水」を行う「聖君主」たちが現れる。氾濫河川の流路を変え、堤防を築き、人々の集落を荒ぶる川から守る。

その結果、しばらくの間、帝国は繁栄を極めることになる。ところが、その繁栄の陰で、土が痩せ始めるのだ。氾濫が豊かな土を運んでこなくなったのだから、当たり前の帰結なのだけれど、聖君主たちは、この真理に気がつかない。

こうして土が痩せ、増大した人口を支えられなくなると、人々は山の斜面の木を伐って耕地を広げ始める。すると斜面では、激しい土壌流出が始まるのだ。

ちなみに、「黄河」という川は、この最初の土壌流出以前には、単に「河」と呼ばれてい

たらしい。なんと、いまや黄河名物と言っても過言ではない、あの「黄色い濁り」が、実は人為的なものだったというのである。

中国では、「どんなに待っても望みはかなわないよ」という意味で、「百年河清を待つ」ということわざを使うのだけれど、なんのことはない、上流域の破壊的な農業を改めれば、河は澄むかもしれないということだ。

いやあ、びっくりした。

ま、それはそれとして——

現代の「聖王」と呼ぶべきは、エジプトのナセル大統領だろう。

ナイル川流域では、氾濫原による持続可能な農業が、ファラオの時代から現代にいたるまで、実に数千年にわたって営々と続けられてきた。その伝統が、ナセル大統領による一九七〇年のアスワン・ハイ・ダム建設で、あっけなく崩れた。

ダム建設の主要目的は、氾濫の終息と農業用水の安定確保により、農業の一層の振興を図ることだったのだけれど、あにはからんや、かつての氾濫原では土壌が痩せて生産力が激減し、ダム湖からは大量の水が蒸発し、灌漑《かんがい》用水として供給されるはずだった水量は、当初の目論見に、はるかに及ばなかった。

☆

別の形で耕地を得、失った文明もある。

大河による氾濫原を持たないギリシアやローマでは、都市周辺の木を伐ることで豊かな森林土壌を手に入れ、そこに畑を造成した。しかし、残念なことに、氾濫原で毎年供給される新鮮な土壌とは違い、森林土壌の豊かさはそう長くは持たない。長くは持たないどころか、斜面の土は、大雨のたびに大量に流され、次々に岩が剝き出しになっていった。

新たな土壌を得るためには、常に新たに森を伐り開いていく必要がある。伐り開く土地が広大に残されている限り、王国（帝国）は繁栄を続けることができたのだけれど、しかし、当然のことながら、森は無限ではない。

こうして、ギリシアからイタリアにかけての、見方次第では清らかで美しい――別の見方では荒涼とした――あの岩山の風景ができあがっていったのである。「ツワモノどもが夢のあと」だ。

インダスやメソポタミアのように、灌漑によって土壌を失った文明もある。乾燥地帯で灌漑を行うと、いったん地面に浸みた水が蒸発の際に毛細管現象で地表に吸い上げられる。その際に土中の塩類を集めてきてしまうのである。過剰な塩類を引っ張りあげてしまった土地は、まるで塩を吹いたようになり、いかなる作物も育たなくなる。

いずれの文明においても、土壌の終焉が、そのまま文明の終焉となったのである。

☆

一方、現代の文明における土壌の状況は、どうなのだろうか。

たとえば、アメリカの大穀倉地帯では、一トンのトウモロコシを得るために、毎年一〜二トンもの土壌を失っているという話がある。いくらなんでも、それは大袈裟だろうと思ったのだけれど、遮るものひとつない見渡す限りの大平原で、トウモロコシ一種類だけを育てていると、作付け初期や収穫後に剝き出しになった土が、風で吹き飛ばされたり、雨で流されたりする量が、半端ではないのだという。

そこまで極端ではないにせよ「大規模栽培」による「効率的で合理的な農業」は、この土壌流失と裏腹の関係にならざるを得ない。

緑の革命の功罪

そのように土壌を失っているにもかかわらず、ここ半世紀ほどで、地球全体の穀物生産量は飛躍的に増えた。

この増大に最も貢献したのは、「緑の革命」だった。

「緑の革命」とは、大量の化学肥料を投入することで、収穫を倍増させようという農業上の革命を指している。

ただし、従来の稲や麦、トウモロコシなどに、窒素肥料を大量に与えると、当然のことながら背丈が異常に高く伸びてしまい、雨や風で倒伏するリスクが高まる。

この問題を解決したのが、アメリカの農業学者ノーマン・ボーローグらが開発した背丈の低い遺伝系を導入した新品種だった。

これらの新品種を受け入れた田畑では、化学肥料をジャブジャブと放り込んでも倒伏被害がほとんどなくなり、さらには、葉や茎に使われる栄養分が穀粒に回ったために、単位あたりの収穫量は驚異的なまでに増えた。

ただし、いいことばかりではなかった。

新品種は、大量の化学肥料なしでは栽培できない上に、病虫害にも弱く、農薬の使用量もウナギ登りになっていったのだ。

さらに、これらの新品種では、収穫した種を翌年蒔いて使うことができない（交配品種の場合には、メンデルの法則により、次世代には、いろいろな形質がバラバラに出てきてしまう。反対に翌年も使えるような安定した遺伝系の場合には、メーカーは翌年には芽が出ないような不発芽処理を行って再使用を防いでいる）。

品種開発に膨大な金と労力をかけたメーカーとしては、当然の選択だろうし、ぼくがメーカーだったとしても、同じ策をとっただろうけれど、使う側の農家にしたら、どうだろう。

なにしろ、収穫量が圧倒的に多いのだから、手を出さないわけにはいかない。しかし、一度、これらの品種に手を出した農家は、永久にその種苗会社に依存せざるを得なくなるのである。

こうして、緑の革命を受け入れた国々では、伝統的な有機農法は急速にすたれ、毎年購入する種と化学肥料、農薬、除草剤に頼りきりになっていった。

その結果、なにが起こったか。

土壌の劣化と流失が、世界規模で激しくなってしまったのだ。

当たり前だろう。有機物の投入をせずに、収穫物だけを持ち出し、農薬と除草剤で土の中の生き物を殲滅するようなことを続けていれば、「土壌」はゆっくりと、しかし確実に無機質の「土」に戻っていく。そういう土は、雨で流されやすくなり、風に飛ばされやすくなる。

緑の革命家たちは、そんな風に土壌が失われているのを目前にしても、さらに多くの化学肥料を与えさえすればなんとかなると思っていたようだ。

☆

残念ながら、そうはならなかった。

土壌の劣化と共に、肝心の収穫量が減り始めてしまったのだ。革命家たちは慌てて化学肥料の投入量を増やしたが、収穫減を止めることはいまだにできていない。

原因は明快である。

革命当初に、新品種が驚くほどの収穫増を達成したのは、土壌中に植物が生長するために必要な、あらゆる「必須成分」が備わっていたからなのだ。「必須成分」とは、読んで字のごとく、ごくごく微量ではあっても、それがなくなれば、植物が育つことができなくなってしまう成分のことである。

革命初期には、そういう微量成分が充分に備わっている土壌の上に、後から化学肥料をオンしたので、その分だけ収穫量が増えたのである。

微量成分は、長年にわたって、有機肥料によって補われてきたものである。その有機肥料をやめたのだから、結果は分かりきっている。

もっとも、こういうことを言うと、

「だったら、その微量成分も含んだ化学肥料を開発すればいいじゃないか」

という、まことにもっともな反論をする人が必ず出てくる。

一見、その通りに思える。

ところが、問題は、それほど簡単ではないようなのだ。

化学肥料を大量に投与し続けた畑では、土壌はしばしば強い酸性に変化する。

特に窒素肥料として硫安（硫酸アンモニウム）を与えている畑では、その傾向が顕著になる。土壌中では、アンモニアは硝化菌という細菌の働きで硝酸に変化していく。すると、もともと強酸性の硫酸イオンの上に、さらにアンモニアから変化した硝酸イオンがプラスされ、強い酸性を呈することになるのだ（酸性雨が降っている地域なら、そのダメージはさらに深刻になる）。

変化した硝酸を、作物がすべて吸収できるなら問題は少ないかもしれないのだけれど、残念ながら、土壌の主要成分である粘土はマイナスに帯電しているため、マイナスイオンである硝酸は粘土に弾かれてしまい、雨水と一緒に地下に失われてしまいがちなのだ。

世界中で問題になっている地下水の硝酸態窒素汚染は、こうして起こる。

硝酸だけではなく、硫酸も、同じメカニズムで地下に失われていく。

すると、さらにやっかいなことが起こる。

硝酸と硫酸のダブルパンチで、強い酸性に変化した土壌中では、粘土が吸着していたカリウムやカルシウム、マグネシウムなどのミネラルが溶かされ、酸と一緒に地下深くへと連れ去られてしまうのだ。

つまり、植物が必要とする「微量成分を配合した化学肥料」を新たにつくっても、地下に失われてしまう量が多く、思ったほどの効果は期待できないということだ。

すでにこういう状況になってしまった畑では、できるだけ早く、硫安の使用を控えたほうがいい。

やっかいなことに、市販されている窒素肥料の中では、硫安が飛びぬけて安い上に、量も多く入手しやすい。こういう肥料から撤退しましょうと言ったところで、なかなか決断はしにくいだろう。

しかし、である。

こういう畑で今後も硫安を使い続ければ、土はどんどん痩せ、投入しなければならない化学肥料の量はどんどん増えていき、それにしたがって、さらに土が痩せていくという悪循環に陥ってしまう。いや、すでにそうなってしまっている畑も多いのではないだろうか。

できることならば、可能な範囲で有機肥料の施肥を始めたいところである。

なにも、いきなり全部の化学肥料をやめろと言っているのではない。長い目で見れば有機物の投入によって土の健康を取り戻したほうが、かえって安くつくんじゃないかと提案しているだけである。

幸いなことに、日本では（同じ化学肥料でも）「肥効調整型肥料」というものが開発されている。施肥自体は、元肥として一回投与すればよく、それぞれの作物の生育特性に合わせて、必要な時期にゆっくりと効くように調整されているという優れものだ。こういう肥料を有機肥料と組み合わせ、化学肥料のほうは、たとえば人間がビタミン剤を使うような「サプリメント感覚」で使っていけば、土壌に過度な負荷をかけずにすむだろう。

こうして、土の中に複雑で豊かな微生物環境、生き物たちの多様性が取り戻せれば、「緑の革命」の初期のような、「ちょっとした化学肥料で革命的な収量」を取り戻すことも、不可能ではないのかもしれない。

飢餓人口が示すもの

「緑の革命」をもたらした科学者たちには、実はもうひとつ、「地球上の飢餓人口を減らす」という高邁《こうまい》な理想があった。

しかし、この目的でも、革命はうまく機能しなかった。

革命を受け入れた国々では、皮肉なことに、食料が増えた分だけ、人口も増えてしまったのだ。

ＦＡＯ（国連食糧農業機関）の発表数字を見る限り、肝心な飢餓人口の実数はほとんど減っていない。

ただし、総人口に対する飢餓人口の割合は減った。革命が成功したとする主張の根拠はここにあるのだけれど、この問題の場合には、「割合」の数字にはどう考えても意味がない。

先祖たちが営々と耕し育んできた「土壌」という最も貴重な財産を喰いつぶし、その代わりに養わなければならない人口だけが増え、しかも単位面積あたりの収穫量が減り始めているのだ。

二〇一三年にＦＡＯが主催したパネルディスカッションで、ゴードン・コンウェイ卿は、二〇五〇年に予測される人口九〇億人の時代を支えるためには、現状の耕作地を維持しつつ（地球上には、もはやこれ以上耕作地を増やす余裕はほとんどない）、単位面積あたりの収穫量を六〇％増やす必要があると語っているのだけれど、はたしてそんなことが可能だろうか。

もちろん、もうひとつの手としては、肉食を減らすという方法もあるかもしれない。なにしろ、牛肉一キロをつくるためには、トウモロコシが約一〇キロも必要だというのだから、牛肉の代わりにトウモロコシを食べるだけで、飢餓問題は簡単に解決しそうに見える。

でも、これもきっと現実的ではないのだろう。近年、中国が穀物輸入国に転落した理由は、肉食が増えたからだという。みんなが牛肉や豚肉を食べ始めたので、その餌が足りなくなってしまったのだ。人間は、一度覚えた贅沢は、自発的にはやめられない生き物なのかもしれない。（そういえば、古代ギリシアに「市民が肉食を始めると、穀物が足りなくなって、その都市は滅ぶ」というようなことを言っていた賢人がいたような気がする。ホント、人間って経験から学ばない生き物なのね）。

そして、もしそれが不可能だとするならば、飢餓人口は、危機的なまでに増えていくことになるだろう。

☆

食料危機に関しては、実は、水問題も極めて深刻である。

意外に知られていないのだけれど、中国やアメリカ、オーストラリアなどの大穀倉地帯では、水齢数万年、数十万年という、非常に古い地下水に依存している地域が多いのだ。こういう古い水は、いまではもう涵養されていないことから「化石水」と呼ばれている。石油と同様に限りある資源なのである。

そういう水を、遠慮なく使った結果、アメリカでも中国でも深刻な地下水位の低下が発生している。中国の華北平原などでは、毎年数メートルも低下しているというのだから、尋常ではない。いつ、地下水が枯渇してもおかしくない状況なのだ。

☆

「一年間に一カ月だけ地下水に依存している農地があります。この農地でもし地下水が枯渇したら、収穫量は何％減るでしょう？」

というクイズがある。

「一カ月なら、一二分の一なんじゃないの？」

「いや、半分くらいは減るんじゃない？」

とかなんとか、いろいろなご意見が出るのだけれど、正解は、もちろん一〇〇％である。

地下水に依存せざるを得ないということは、その季節には、雨水も、川の水も足りないということだ。つまりは、一番乾燥している季節だということで、そんな季節に一か月も水がなくなれば、作物はみんな枯れてしまう。

☆

皆さんご存じの通り、このところの気候変動により、極端な豪雨や旱魃《かんばつ》が世界的に増えている。つまり、それでなくとも、世界の農業生産は不安定になりつつあるということだ。「土」と「水」の両面から「限界」が見え始めているのである。

それでもなお、世界は、人口増加を支持するのだろうか。

☆

ちなみに、人類が使っている水の持続可能性については、ISO（国際標準化機構）が、ウォーターフットプリント、つまり、一定量の作物や製品を生産するために、どれだけの水を使ったか、そしてその水は、持続可能なものなのか否か、という考え方に基づいて、世界共通の評価基準をつくろうという動きが始まっていて、サントリーの水科学研究所からも、矢野伸二郎という若手研究者が、東京大学と共同で提案書を提出している。したがって、早晩、そうした評価基準ができあがるのではないかと思っているのだが、ぼくとしては、同時に土壌のフットプリントも視野に入れてほしいと思っている。水の持続可能性と土壌の持続可能性の二つを地図上で交差させれば、食料生産の持続可能性は一目瞭然となるはずだ。若手研究者の参加を期待したい。

ウンコ話からの未来

さて、いったん絶望的な展望を示した後では、やはり明るいアイディアも出しておこう。

実は、土を肥やすための有機肥料は、いくらでも足元にあるのである。

答えは簡単。

人間の糞尿（まさに足元！）と、食料残渣《ざんさ》――つまりゴミである。

なんだ、今度はウンコ話かと思われるかもしれないけれど、江戸時代、日本人の糞尿とゴミは、すべて田畑に還元されていた（田舎では、ぼくらが子供のころまで、あいかわらず肥料といえば糞尿のことだった。五〇代より上の年代には、肥溜《こえだ》めに落っこちてひどい目にあったという経験のある人も結構いるのではなかろうか）。糞尿は、里山から掻いてきた腐葉土とセットになって、田畑の土を育み、肥やしていたのである。

糞尿は、貴重な資源として有価で取引されていた。

落語に出てくる長屋の大家さんの主要な収入源は、店賃《たなちん》ではなく、共同トイレの糞尿代だったという話さえある。大家さんは、長屋のオーナーではなく、管理人にすぎなかったというのだ。わずかな管理人代＋糞尿代で、住人の熊さん、八つぁんより裕福げな暮らしができていたのだから、糞尿代恐るべしである。

ただし、糞尿代には、ランクづけがなされていた。

海の魚をたっぷり食べているような裕福な家の糞尿は高く取引され、貧乏長屋の糞尿は安かった。贅沢な食事に由来する糞尿のほうが、肥料効果が高かったからだ。

（ちなみに、江戸時代の後期になると、森の落ち葉や腐葉土、町からの糞尿だけでは農業生産が追いつかなくなり、海の魚を田畑に投入し始めた。干鰯《ほしか》や干鰊《ほしにしん》がそれだ。これらの肥料は、高価なお金で購入しなければならない肥料だとして「金肥《きんぴ》」と呼ばれていた）。

そういう意味では、贅沢な家庭から出た糞尿は、金肥の走りだったと言っていいのかもしれない。海の栄養分が、糞尿を通じて田畑に届けられていたのだから。

いま、日本人がやっているのは、まったくの逆だ。

貴重な糞尿を水洗トイレで流し、下水処理場に多大な負荷をかけ、それでも取り切れなかったリンや硝酸態窒素を海に放流して赤潮などの原因をつくっている。

かつての知恵の一部でも取り戻せば、化学肥料の使用量は劇的に減らすことができるし、土壌も蘇らすことができるだろう。

☆

一方で、いまや世界中のリン鉱石は枯渇しつつある。リン鉱石がなくなれば、リン酸肥料の生産は不可能になる。リン酸肥料がなくなれば、いまの化学肥料依存型の農業も不可能になる。そういう危機的状況の中で、リンを豊富に含んでいる糞尿を海に流すのは、いかにももったいない。

「都市鉱山」という言葉がある。リサイクルされるべきビンや缶、電池などは、実は貴重な鉱山資源なのだ、という意味である。

そういう意味では、糞尿は、都市の貴重なリン鉱山、窒素鉱山、カリウム鉱山なのである。せめて学校のトイレをオガクズ攪拌《かくはん》型のバイオトイレにし、完熟堆肥をつくるような「環境教育」あたりから始めてもいいのではなかろうか。次なる目標は、スーパー、ショッピングモールなどの大規模商業施設や役場、劇場、ホールなどのトイレをバイオ化することだ。

一方で、この古くて新しい知恵と技術を発展途上国に輸出する。まだ水洗トイレが普及していない地域なら、導入も比較的抵抗感なく進められるのではなかろうか。新型のODA（政府開発援助）として検討する余地は、充分にありそうな気がする。間違っても、水洗トイレの普及になんか、協力しないでほしい。

途上国での糞尿利用は、これ以上の土壌劣化を防ぐための強力な防衛線になるはずだ。

もちろん、糞尿利用には、様々な問題点もある。病原菌や寄生虫の卵などといった公衆衛生問題は、その最たるものだろう。しかし、知らない間に、世の中は進歩しているのである。たとえば、九州大学の金澤晋二郎先生たちが開発した高機能好熱細菌による「超高熱・好気性発酵法」を利用すれば、安全に、しかもほとんどエネルギーを使わずに、いやな病原菌は全部殺菌できてしまう。ちなみに、この技術を使えば、きちんと分別された家庭の生ゴミも、すべて有機肥料として循環利用することが可能になる。同じような技術は他にもあるはずだ。

すでに地方自治体の中には、分別した家庭ゴミや道路並木の剪定《せんてい》枝などから有機肥料をつくり、地元の農家に安く販売して循環利用している成功例も出始めている。バイオトイレからの堆肥なども、このシステムの中に入れ込めば、さらに活用しやすくなるだろう。日本の農業の未来は、捨てたものではないという気がしてくる。

☆

土壌を失わない技術でも、日本は最先端の知恵を持っている。

段々畑だ。

「なんだ」と思うかもしれないけれど、アメリカなどの海外で、土壌流失を激しくしている理由のひとつが、斜面を段々にせず、そのまま耕やしてしまうという、古くから続いてきた悪習にある。

そんなことをすれば、斜面上部からの土壌流失が膨大になるだろうことは、すぐに想像がつきそうなものだけれど、そうはならない。彼らには、土壌が失われ作物の栽培に適さなくなったら、そこには牛や羊を放牧すればいいのだ、という「常識」があるからだ。

さすがにここにきて、そんな大雑把なことは言っていられなくなったのだろう。

土壌流失に歯止めをかけるために、斜面の畑を日本的に段々に造成し直したり、土を耕さない「不耕起栽培」が急速に普及し始めている。

糞尿利用と段々畑化、そして不耕起。

この組み合わせが世界を救うのかもしれない。

人類世界の生態系ピラミッドを描いてみる

ここで、もう一度ピラミッドに戻る。

仮に、人類と人類がつくってきた人工的な環境だけのピラミッドを描いてみたら、どんな風になるのだろうか。

農作物と家畜と人類だけしかいない世界だ。

しかも、その家畜の種類も数も、異常に少ない。

FAO（国連食糧農業機関）の世界畜産統計（二〇一二年）によると、人類が七〇億人なのに対して、人類以外で、人類を超える人口を誇っているのは、ニワトリの二〇四億羽だけ。

それに次ぐ牛でさえ、一五億頭しかいないのである。

牛、豚、羊、馬などの大型家畜を全部あわせても、三五億、それらとニワトリ、アヒル、ガチョウなどの家禽を全部合わせても二五〇億。それしかいない。

自然界では、下位の餌動物がこんなに少なければ、当然、上位の動物は餓死してしまう。にもかかわらず、現実に人類が生存しているのは、下位動物を一匹残らず喰ってしまうという、これまた自然界では考えられないほどに効率的な「狩り」をしているからに他ならない。

そして人類の上には、誰もいない。

そう、人口調整を行って、自然なバランスをとってくれる天敵がいないのだ。

かつて神様は、こういう人類のために、コレラとか天然痘とかエイズなんていう調整機能を送り込んでくれたものだが、なんと、せっかくのこのプレゼントを、人類はすべて殲滅してしまったか、殲滅しつつある。

さすがにこの事態に、遺伝子が勝手に反応を始めたのだろう。先進国では自然な人口減が起こりつつあるのだけれど、各国の政府は、それを食い止めなければ人類に未来はないかのようなプロパガンダを盛んに行っている。

まるで鹿そっくりに見えないだろうか。天敵を失って、とめどなく増え続け、周り中の生き物を滅ぼし続けている鹿問題と。

いや、しかし、話が先走りすぎた。

いまは、人類の生態系ピラミッドの話である。

さて、二五〇億の家畜の下にあるのは、餌になるトウモロコシや大豆しか生産していない広大な農場と、ほんの数種類の牧草しか生えていない牧場だけである。

そして、そういう農場の土壌は、土壌というより「冷たい土」に近い。農薬と化学肥料漬けになっている農場の土壌には、土壌動物も微生物もほとんど棲んでいない。

FAOの二〇一四年のデータによると、地球の地表面積の一三%が牧草地で、同じく一三%が耕作地なのだという。耕作地に占める餌植物の栽培面積を仮に半分だとしても、実に二〇%もの面積を家畜のためだけに使っているということになる。一方の森林面積は、高木林が二八%しかなく、低木がまばらに生えているようなところまで入れても三七%しかない。このうち、低木林は放牧に使われている可能性が高いので、となると、家畜のための面積と森林面積が、ほぼ拮抗してしまうことになる。これはすでに異常事態である。

しかも、である。デイビッド・モントゴメリーの『土の文明史』によれば、そういう広大な面積の農地と牧草地からは、毎年推定で二四〇億トンもの土壌が失われているというのだ。信じられますか。

単純計算で、一人あたり年間三・四トンの土壌が消えているんですよ。

☆

ピラミッドが倒れないのは、下に行けば行くほど裾野が広くなっているからだ。

でも、この人類ピラミッドはどうだろう。

まるで、ちょっとの地震でもひっくり返りそうないびつな形をしていないだろうか。

せめて、基盤となる「土壌」の部分だけでも、多様な生き物たちがあふれ返る豊かで強靭な生態系を取り戻したいではないか。

できることは、いっぱいある。

第三章

いま、日本の森の土壌は、どうなっているのか

森は水の故郷

さて、田畑の土壌の次には、森の土の現状を観察しにいこう。

川の源流域——都会の生活用水や工業用水、田畑に注がれる農業用水などの故郷の地で、その土壌がどんなことになっているかを、とりあえず、日本の山で調べてみよう。

川に湧き出す水の源は、森である。

森に降った雨は、ふかふかな森林土壌に浸み込み、ゆっくりと地下深くに浸透していく。森が健全で、土壌が厚く育まれていれば、かなりの大雨でも、洪水のように地面の表面を水が流れていくことがない。そのあたりは、すでに触れた通りである。

そういう健全な森から流れ出る川は、大雨でも濁らない。水量は増えるけれど、その水は地表を走ってきたものではなく、土壌から浸み込んできた水の圧力で、以前に降った雨に由来する地下水が押し出されて湧き出したものだからだ。

こういう川では、雨の降らない渇水期でも、豊かに水が流れている。常に一定の湧き水が森から供給されているからである。

雨が降っても、洪水のようには増水しない。雨のない季節でも豊かに水が流れている。そんな川の下流に住む人々や田畑を耕す人々は幸せである。

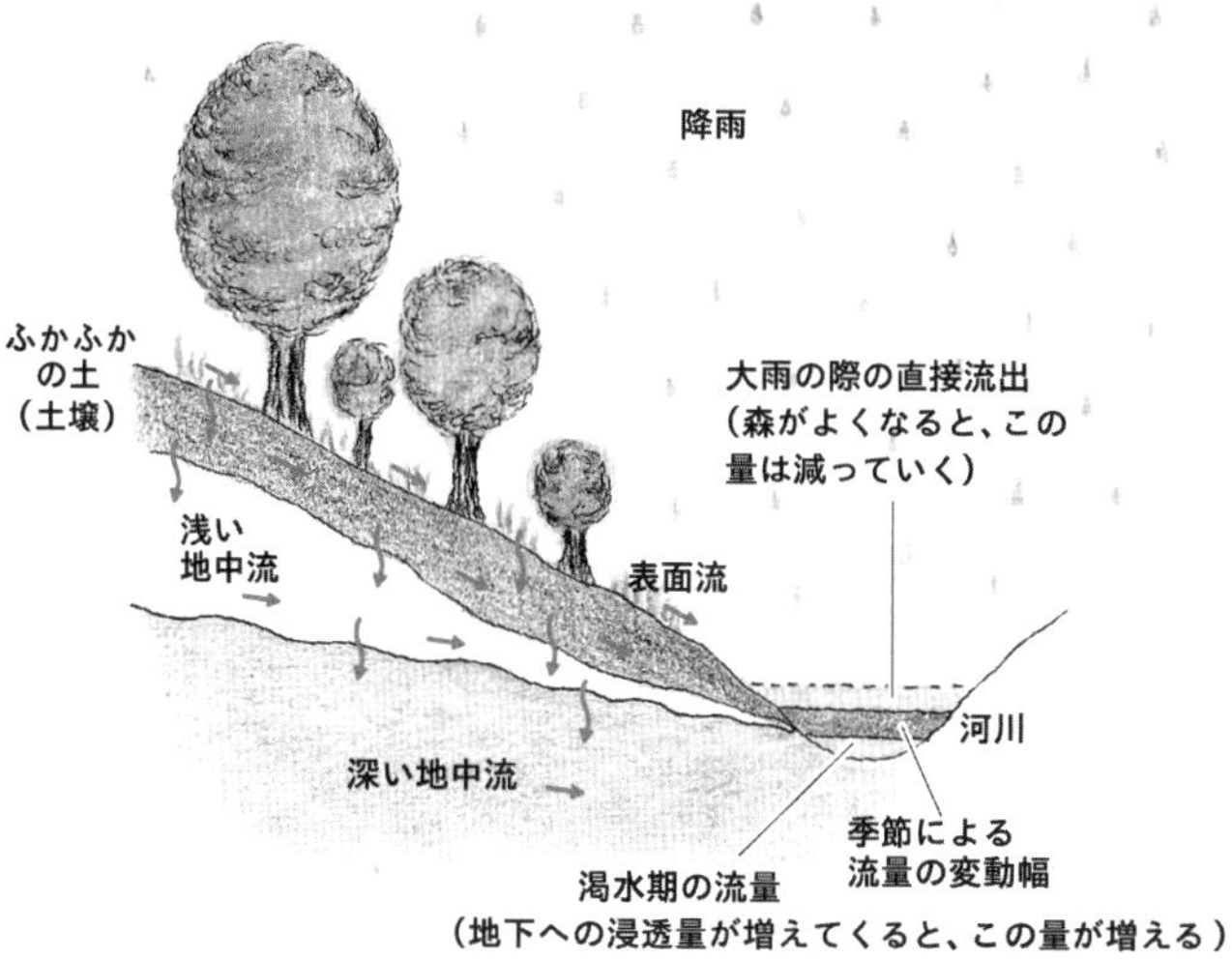

一年中使える水が保証されるからだ。

一方、森が荒れ、土壌が流失し、無機質の土が剝き出しになっているような森では、水が地下に浸み込みにくくなり、多少の雨でも、地表を水が流れるようになる。

大雨が降ると、激しい土壌侵食が起こり、川には濁流があふれることになる。

反対に日照りが続くと、あっという間に、川は干上がってしまう。

そんな川の下流では、使える水はほとんどなくなる。洪水は、まっすぐ海まで流れてしまうし、干上がった川から恵みを得ることなど不可能である。

日本の森は、意外にあぶない

では、日本の山の実態は、どうなのだろうか。

日本という国は、国土の七割が森に覆われている森林国である。遠目で見る限り、美しい緑がどこまでも広がって

手入れが行き届き、林床に低木や草がびっしり生えている杉林(天然水の森・奥多摩)。

いる。

しかし、実際に森の中に入ると、雰囲気は一変する。日本の森林の四割を占める杉・ヒノキなどの針葉樹人工林では、植えっぱなしの間伐遅れで、細い木が満員電車のように込み合った森が増えている。林内は真っ暗で地面には草一本生えていない。剝き出しの地面からは、大雨のたびに土壌が流失し、木々の根は浮き上がっている。大雨の時に斜面がまるごと崩れ落ちてしまうような災害も多発している。

そんな森が全国に広がっているのだ。

たまに手入れの行き届いた人工林に出会うとホッとするほどに、いい森は少ない。

しかし、そんな手入れ不足の森でも、適切な間伐を行えば、多くの場合は、まだまだ手遅れではない。

ただし、その際には、きちんとしたゾーニングを行うことが必須である。

まずは、もともと針葉樹など植えるべきではなかった育ちの悪いゾーンを抽出する。戦後の復興のためには成長の早い杉をもっと植えるべきだという世論の下に、広葉樹林を広々と伐って針葉樹に植え替えたような場所に、こういう荒廃林が多い。

そういう森を、今度はゆるやかな斜面と急斜面に分ける。

ゆるやかな斜面では、針葉樹を思いきり強めに間伐し（場合によっては、本数を三分の一くらいまで減らしてもいいかもしれない）、積極的に広葉樹の侵入を促していく。

急斜面では、そんなに思いきった伐り方をすると、かえって斜面崩壊を起こしかねないので、手間暇はかかるものの、ゆっくりと間伐を繰り返して針広混交林に誘導していく。

次に、将来的にきちんとした生産林になるという林を選び、そこは、定期的な間伐により、いわゆるよい森に誘導していく。ただし、その場合でも、地面に草が生えるくらいに明るく管理することは重要である。

土壌を守り、育てるためには、草が不可欠だからだ。

森の中を常に暗く管理し、年輪密な材をつくろうなどという、昔ながらのやり方に気を使う必要はまったくない。

節がなく、年輪が密な、見た目のきれいな材など、いまや需要がほとんどないのだ。部屋の四隅に柱が見えるような建築は、すでに姿を消しつつある。現代建築では、ほとんどの場合、柱は壁の中に隠されてしまう。

構造材として使うつもりなら、材は強ければいいのだ。そして、ここが重要なのだけれど、「材の強さ」という品質面でも、年輪が密すぎる材より、ある程度幅がある材——杉やヒノキなら、二ミリから六ミリくらいの年輪幅がある材のほうが強いのだ。それはそうだろう。年輪幅が一ミリ以下なんていうのは、太陽の恵みが少なく、成長が悪い木だという意味に他ならない。

たっぷりと光を浴びて健康に育った木のほうが丈夫だというのは、考えてみれば当たり前の理屈である。

（念のために付け加えておくと、幅が広すぎても弱くなる。そういう成長のよすぎる木は「暴れ木」などと呼ばれ林業的には嫌われる。ただし、環境林をつくるつもりなら、こういう木も悪くない。太い横枝が張るので、猛禽類などの営巣場所の候補になるし、根が太く、しっかりと張ってくれるので、斜面を安定させる力も大きい。見方が変わるだけで、欠点がそのまま長所に変わるということだ。やっぱり、自然は面白い）。

☆

次に、川の畔の部分——いわゆる渓畔林《けいはん》である。

ここは、可能な限り早く広葉樹林に戻したほうがいい。渓畔は、斜面上部から流されてきた土壌を川に流入させないための最後のバッファー・ゾーンであり、同時に生き物たちの重要な通路でもある。

そんな重要な場所であるにもかかわらず、川っぷちまで杉・ヒノキがびっしり植えられてしまっている川が、全国いたるところにある。

もちろん、そういう杉・ヒノキをいきなり全部伐ってしまったら、防災上もよくない。大水の時に、岸部がえぐられて大災害を引き起こす危険性がある。したがって、ゆっくりと広葉樹との混交林に変えていく以外にないのだけれど、その効果は必ず表れる。

苗木を植える際には、必ず、渓畔に特徴的な樹種を選びたい。フサザクラやカエデ類、シオジ、カツラ、ケヤキ、トチといった種類だ。できれば、その川の流域で採った種からの苗が望ましい。

ちなみに、渓畔に広葉樹があるのとないのとでは、川の中の生物相もまるで変わるという報告がある。広葉樹の落ち葉は、ヨコエビや川虫などの生き物にとってとても重要な餌なのだ。そして、川虫はヤマメやイワナといった渓流魚の主要な餌である。

子供のころ、師匠の川漁師から、渓流釣りでは、できるだけ広葉樹林の中を流れる川を選ぶようにと教わったものだけれど、それには、そんな理屈があったのである。

広葉樹林も、放ってはおけない

天然林と呼ばれている、広葉樹林の様子はどうだろう。

雪の少ない土地では、鹿の食害をもろに受けて、公園のような風景になっていることはすでに述べた。そのようなところでは、激しい土壌流失が起こり、ひどいところでは、鹿が山を崩すほどの被害を出している。

鹿が増えすぎてしまった土地では、針葉樹林だろうが広葉樹林だろうが、とんでもないことになっている。この問題を解決しない限り、他のすべての整備は無意味になってしまう。

鹿が少ない場所でも、問題を抱えている森は結構多い。

いわゆる「天然林」——その実態は、多くの場合、放置された里山林なのだが、そういう森でも、土壌流失が激しくなっている場所がある。皮肉なことに、それは、植樹活動の先駆者たちが理想とした潜在植生——つまり、その森を放置して一〇〇〇年たったらこうなるだろう、という理想像に近い森である。

関東以西の五〇〇～六〇〇メートル以下の低山の場合、推定される潜在植生は、いまの姿とはまったく違い、冬でも葉を落とさない常緑樹林である。

そう言うと、ほとんどの日本人が「えっ？」と思うだろう。

実際、ついこの間まで、日本人の身近な森というと、コナラやクヌギを主体とし、シデやケヤキ、ヤマザクラ、カエデなどが入り交じる落葉広葉樹の森だったはずだ。いまだって、外観だけを見るならば、そんな森のほうが多いだろう。

ところが、あの風景は、実は自然のものではなく、われわれの先祖が、薪や炭を採るために一生懸命維持してきた人工的な森だったというのだ。

そういう森を放置し、人手による整備をやめてしまうと、森は本来の姿である常緑樹林にすみやかに戻ろうとする。

落葉樹の種子は、ある程度明るい地表に落ちないと芽生えてくれないものが多いのだけれど、常緑樹の種子は、おおむね、かなり暗い場所でも育つ。それはそうだろう。常緑樹林の中は、四季を通して暗い。常緑樹というのは、そういう暗い環境でも芽生え、育つことができるからこそ、樹林を形成し続けることができるのである。

そういうわけで、本州低山の落葉樹林がある程度大きくなって林内が暗くなってくると、地表にはカシやシイ、クス、ヒサカキ、ヤブツバキなどといった常緑樹の苗がびっしりと育ち始め、さらに歳月がたつと、もともとあった落葉樹の背を追い越して、黒々とした常緑樹林に変化してしまうのである。

本来の姿に戻るのだから、それでいいだろうと思うかもしれないけれど、問題はそんなに簡単ではない。

九州の「自然な」常緑樹林では、森の中が真っ暗になっても、地面には、暗さに耐えることのできる様々な草や低木が生えている。

ところが、本州では、数百年にわたって落葉樹林として管理してきたために、暗いところに生える草や低木は、基本的に根絶やしにされてしまっているのである。

すると、どうなるか。

真っ暗な森の中に、草一本生えていないという……そう、管理が行き届いていない針葉樹人工林とまったく同じ問題が起きてしまうのである。

こうなると、大雨のたびに激しい土壌流失が起こり始める。

対策は、三つしかない。

すでに常緑樹林化してしまったところには、暗い場所を好む草や低木を導入し、最低限の林床植生を取り戻してやる。遺伝子の多様性を攪乱しないためには、九州から苗を持ってくるという選択肢はないので、近くの神社仏閣の鎮守の森あたりが、種子採取の候補地になるはずだ。そうして採ってきた種子を、草の場合にはそのまま地面に蒔き、木の場合には苗木に育ててから山に戻してやるわけだ。ただし、対象となる森は広大なので、可能な限り早く、種子の大量採取と、苗木の大量生産体制を築き上げる必要があるだろう。もちろん鎮守の森

落葉広葉樹林の林床を覆ってしまった常緑樹を除伐する作業（「天然水の森　きょうと西山」）。

のような狭い範囲からでは、それほど多様な種子の採取は期待できないため、土地本来の多様性の復活は望むべくもないが、「土壌流出を防ぐ」という最低限の目的だけは、なんとか達成できるはずである。

一方、まだ森の主役が落葉樹のまま残っているような場所では、林床に侵入してきている常緑樹の苗や低木を、小さいうちに全部駆除していく。場合によっては、大きくなりすぎた落葉樹も間伐して地面を明るくし、落葉樹林に特有の草や低木の多様性を再生していくという作戦が、たぶん効果的だろう。

ちなみにこの方法は、素人のボランティアでも簡単にできるため、森林整備体験のイベントなどには最適である。冬の落葉期に行えば、よほどのボンヤリでもない限り、落葉樹と常緑樹を見間違えることはないからだ。わが社でも、社員森林整備体験プロジェクトの中に組み込んで、大いに活用している。

三つ目は、あまり現実性がないのだけれど、昔の薪炭林のような循環型の低木里山林に再生していくという作戦である。

ここで、ちょっと注が必要だろう。

昔の薪炭林は、クヌギやコナラを主体とした森を、おおむね一五年から二〇年くらいの周期で皆伐するという方法で利用されていた。コナラやクヌギは、伐った根本から盛んに脇芽を生やしてくるので、二、三年後にそのうちの数本を選んで育ててやれば、また一五～二〇年後には同じくらいの太さまで育ってくれる。

こういう方法で、一五年周期なら一五区画、二〇年周期なら二〇区画の森を順番に伐っていけば、半永久的に利用できるというわけだ。

循環型里山林では、伐りたての区画で草原的生物が繁殖し、数年後には低木林的な生物が繁殖するというようにモザイク状の生態系ができあがるため、生物多様性の宝庫に育っていく。したがって、もしこれが可能なら最善の作戦なのだけれど、すでに薪や炭の需要がほとんどない以上、大変な手間暇をかけてまで、これをやりたがる人はほとんどいないだろう。もっとも、学校の環境学習林とか、趣味の炭焼きグループなどが、小面積で楽しみながら整備するという選択肢はあるかもしれない。

炭火焼き鳥のチェーンとか、炉端焼きのチェーンなどが、

「うちの炭は○○村の森で、社員が自ら焼いてるんですよ」

みたいなメッセージを出して、森林整備に乗り出してくれたりすると、さらに面白い流れが生まれるかもしれない。

「うちの炭は備長炭です」

なんていう、通り一遍のメッセージよりもずっとお客様の心に響くように思うけれど、どんなものだろうか（ちなみに、ぼくの自宅では、自分で焼いた炭で炭火焼きを楽しんでいる。備長炭で焼くよりずっとおいしいような気がする。ま、身びいきってもんだろうけれど……）。

☆

いずれの作戦をとるにせよ、いまならば、まだ間に合う。

しかし、このまま、一〇年二〇年と放置したら、常緑樹林化してしまった森の面積が大きくなりすぎて、完全な手遅れになるのではないかと危惧される。

そうなった時には、大規模な山崩れが多発するようになるかもしれない。

最悪でも、暗い森の下でも育つような草木の種子採取と苗木生産だけは、急いでおいたほうがいい。

生態系は、多様さを慕う？

「土壌を守る」という意味でも、様々な樹種を入り交じらせることは重要である。

木の根は、樹種によって、深くまっすぐに根を伸ばして「杭」の役割を果たす木、岩を包み込むようにして根を伸ばす木、細かな根をびっしりと張り巡らして土をつかむ木、地表近くに根を這わせて「ネット」のように土を抑える木など多様である。

雑木林の斜面が崩れにくいのは、それらの様々な根系を持つ樹種が土をつかみ、守ってくれているからに他ならない。

一方、根が浅い杉やヒノキだけが植わっている「人工林」や、雑木を枯らしながら斜面を這い登っていく「拡大竹林」などは、表層崩壊を起こしやすい。「杭」の役割を果たす木、岩をつかんでくれるような木が存在しないからだ。

急斜面にある人工林や竹林は、できるだけ早く混交化を進めるほうがいいだろう。

様々な樹種は、「土を肥やす」という意味でも、いい仕事をしてくれている。

深く根を伸ばす木は、大地の深いところからミネラルを吸い上げ、浅いところに根を張る木は浅いところからミネラルを吸収して、落ち葉の形で地表に肥料分を供給する。こうして、大地のあらゆる層から吸収された養分が土壌を豊かに肥やしてくれるのだ。

多様な植物が土壌を肥やし、豊かな土壌が、多様な植物を育てていく。この正のフィードバックが、とても重要である。

☆

不思議なことに、自然界の生き物は、一部の例外を除いて、単調さ——「環境の独り占め」を嫌うように見える。

ナラやブナ、クヌギ、クリなどのドングリの木は、当然、親木の周辺にびっしりとドングリ=種を撒き散らす。もし、このドングリがみんな育つとすれば、ドングリの勢力圏は、どんどん広くなっていくはずだ。

ところが、親木の下から芽生えたドングリの若芽が大人に育つことは、まったくと言っていいほどに、ないのだ。

なぜか。

ドングリの若芽と親木とは、早春に、まったく同じ時期に新芽を広げてしまうからなのである。つまり、地面から出てきた子供たちは、はるか上空で枝を張っている親木の葉に光を奪われてしまうのだ。

光を奪われた子供たちの葉っぱは、とても脆弱になる。病気や虫喰いに弱い虚弱児になってしまうのである。

一方、斜面を転がり落ちて、高い木が生えていない明るい場所にたどりついたドングリは、しっかりと芽を伸ばすことができる。

親木の下では、子供は育たない。

その第一の理由が、この「光環境」にある。

第二の理由は、病気や虫だ。

たとえば、ミズキという木がある。街路樹によく植えられているハナミズキの類縁種なのだけれど、ハナミズキがアメリカ産なのに対して、純国産種で、ちょっと地味な白い集合花をつける木である。

この木は、特有の「葉枯病」という病気を普通に持っている。葉枯病というくらいなので、この病気に感染した葉っぱは、枯れて地面に落ちていく。親木にとっては、その程度の病気はどうということもないのだけれど、上から病原菌を持った葉っぱを次々に落とされたのでは、その年に芽生えた子供たちにとっては、たまったものではない。みんな枯れてしまう。

そのような、種類ごとに特有の病気を持った木はたくさんある。

葉っぱを喰う虫も、しばしば下に落ちてくる。地面に落ちた虫は、当然、同じ木の苗に取り付いて喰い尽くす。

親から光を奪われる、病気を染《うつ》される、虫を落とされるでは、子供の立つ瀬はない。

これが、植物自らが「単調さ」を嫌って選んだ戦略なのか、それともイジワルな神様のイタズラなのかは定かではないが、こういう悪条件をクリアして、自らの遺伝子を生き残らせるために、植物たちは、できるだけ遠くに種を旅立たせる策略をめぐらしている。

名づけて「可愛い種には旅をさせろ戦略」である。

ほとんどすべての木がこの戦略をとった結果、自然界の森は、多種多様な樹種で構成される結果となったのである。

☆

もちろん、先ほど「一部の例外」と言った「純林」を成立させる樹種もある。

たとえば、大規模な土砂崩れや人為的な荒廃による痩せ地に、痩せ地を好む松以外が生えてこなかったような場合。あるいは、山火事などの後に明るい場所を好むシラカバだけが一斉に生えてきたような場合である。

ただし、そういう遷移初期の純林は、その後、土壌がゆっくりと形成されたり、日陰を好む陰樹の種子が入り込んだりすると、次第に遷移中後期の複雑な森に変化していく。

自然というものは、どうやら単純さよりも複雑さを好んでいるようなのだ。

その複雑さを生むためには、さっきも言ったように、種子を遠くまで運ぶ必要がある。

自ら動くことができない植物が、どんな戦略で種子を移動させるかを次に見ていこう。

その① 風に乗せる

これは、まあ、容易に想像がつく策略だろう。種子を風で飛ばしてしまおうという、単純発想である。

しかし、これにも方向性は二つある。

ひとつは、モミジやツクバネウツギ（お正月の羽根つきの羽根そっくりの翼を持った実をつける）のように、風に乗りやすい翼を持った種子を創造することだ。進化の過程で、より遠くに飛んだ種子ほど生き残る確率が高かったはずなので、いずれも見事なまでに合理的な翼を持っている。

第二は、ホコリのように小さな種を大量につけるという戦略である。桐の木などが、これに相当する。樹木よりもはるかに古い歴史を持つキノコやシダが、小さな小さな胞子を飛ばすことで増えていくという戦略を、そのまま模倣したかのようだ。

その② 鳥や動物に運ばせる

これは分かりやすいだろう。

小鳥は、木の実を食べる時に種を吐き出したりしない。まるごと食べる。そして、糞にして撒き散らしてくれる。これならば、親木からはるかに遠くまで種子を飛ばすことができる。反対に小鳥の立場からすれば、自分たちの餌になる実が生る木を、どんどん増やしているということだ。

これぞ、共生の理想形である。そして、進化は常に、このような共利共生の方向を目指しているように見える。

一方だけに利益があり、片方が損ばかりするようでは、いつかは損するほうが滅びてしまう。つまり、そういう一方的な関係は子孫を残すことができにくいのだ。

虫と花の関係も同じだ。花は甘い蜜を出すことで虫を呼び、代わりに花粉を媒介してもらう。花は実をつけ、子孫を残すという利益を得、虫もまた蜜という利益と、将来の蜜源が増えるという利益を得る。

もちろん、中には根性のネジまがったような種族もいて、たとえばヤドリギのように、一方的に宿主の木に寄生しているだけで、宿主に対してはなんの利益も与えていないように見える輩もいないではない。

しかし、それはたぶん、まだ進化の途上にいるのだ。人間社会でも「ドロボウ」という一方的に搾取ばかりしている職業（？）の人たちがいるが、しかし、ドロボウがドロボウにとどまり続ける限り、彼らは、しょせん社会の片隅のニッチにすぎない。ところが、ドロボウが別の職業に進化することがある。野伏《のぶせ》りとか、野盗とか言われていた連中が「武士」という戦闘集団に変身するような時だ。そうなると、民衆を喰い物にするだけの武将が生き残ることは難しくなる。最終的には社会システムの中に組み込まれ、暴力的側面が影をひそめて、「名君」などと呼ばれる弱虫に進化していくのだ。ヤドリギも、いつかはそんな風に変身を遂げるのかもしれない。

☆

鳥以外の動物も、クダモノを食べて種を撒き散らす役割を果たしている。

森に、どんな動物がいるかを調べる時に、一番有効な指標が、実は糞なのである。動物の糞はどれもみんな、種類ごとに特有な形をしている。

タヌキは、家族のトイレをつくってタメ糞をするため、一カ所に「こりゃあ、何人家族の何日分だ!?」と驚くほどの量の糞がかたまっていることが多い。

テンは、小指くらいの細長い糞を、石の上とか、ベンチの上みたいな目立つところにしたがる傾向がある。見晴らしのいいところで、周りに危険がないかを見張りながらじゃないと、安心してできないのだろう。

鹿の糞は、子供の小指の先くらいの俵型の小さな糞が数十粒かたまって落ちている……、と、いや、いまはウンコの話をしているんじゃなかった。

糞の中にある木の実の種の話だ。

で、なにを言いたかったかというと、たとえばアケビの季節のテンの糞は、ほとんどアケビの種だけがかたまったみたいに見える。そんな風にして、動物も、種子を運ぶ手伝いをしているのである。

動物による種子の散布法で、もうひとつ重要なのが、体表にくっつけて運んでもらうという戦略である。

秋に草原を歩いていると、たくさんの草の種がズボンにくっつく。ぼくらが子供のころには「ヒッツキ虫」なんて名前で呼んでいたのだけれど、これに閉口した経験がある人は多いのではないだろうか。あわててズボンを払うと、かえって粘り気がこびりついてしまう。中には、ガムテープで取るとか、いろんな工夫を凝らす人もいる。

ところが、だ。

あの種は、なんにもせずに二、三時間放っておくと、自然に乾いてポロリと落ちるのである。そりゃあ、そうだろう。永遠にくっついていたのでは、種子としての機能が、まるっきり果たせないことになる。二、三時間というのはとても重要で、つまり、あの種の親は、子供たちに、動物が二、三時間歩いたくらいの距離で育ってほしいと願っているのである。

これが一〇時間とか二四時間とかになると、山の上のものすごく寒いところとか、逆に鬱《うっ》蒼《そう》とした真っ暗な森の中とかに連れていかれてしまう可能性が高くなる。二、三時間くらいなら、たぶん似たような環境条件で、でもちょっと離れているというあたりに連れていってくれるんじゃないかと考えたのだろう。

もちろん、草が考えるわけがないので、ちょうどそのくらいの時間で落ちる種が、最も多くの子孫を残した結果がそうだった、ということなのだろう。

ともあれ、そんな風にして、小鳥や動物たちは植物の種をせっせと撒いて、自然界の多様性を高める役割を担っているのである。

その③ 水に流す

たとえば、外来種のニセアカシアなどが採用している散布方法で、洪水時に大量の種を下流に流して繁殖するという戦略である。

ニセアカシアは痩せ地でも育つため、道路をつくった際の法面《のりめん》緑化（道路の両側の斜面をコンクリートで固めるかわりに、木や草を植えて崩壊を防ぐ工法）などに好んで植えられたのだけれど、川の上流域にいったんニセアカシアが入ると、下流の河原がすべてニセアカシアに占拠されてしまうというような、異様な光景が出現してしまう。ニセアカシアによる法面緑化を奨励した当時の行政の皆さんは、たぶん、この植物が「洪水散布」という特殊な戦略をとっていることをご存じなかったのだろう。

川原は、生物多様性にとって最も重要な場所のひとつなので、こういう事態は決して好ましいものではない。養蜂業者だけは蜜蜂の蜜源として重宝しているけれど、それも「アカシア蜜」という美しい名前で売れるからだろう。近年問題になっている食品偽装の流れで、「アカシア蜜」とはけしからん、「偽アカシア蜜」と正しく表示しろということになったら、その場で商品価値は暴落するような気がする（単なる気のせいだろうか）。

その他、「名も知らーぬ、遠き島よーり」流れきた「ヤシの実」なども、水散布型といっていいだろう。

その④ 斜面を転がり落とす——実は動物依存？

もうひとつの種の蒔き方を、生態学では「重力散布」と呼んでいる。

要は、ドングリのように、重力で転がっていく、という方法である。しかし、実際の山の中で観察していると、『どんぐりころころ』の歌のように、順調に斜面を転がって、池に落っこって「さあ大変！」なんて叫ぶことができる幸運なドングリは、ほとんどいない。

なにしろ、山の斜面というのは、決してなだらかではなく、小さな凹凸の連続のようになっている上に、たいていの地面には、草が生えていたり、落ち葉や落ち枝が積もっている。

したがって、ほとんどのドングリは、親木の下に落ちたら最後、そこからの移動はできないのだ。そして、「親木の下に生えた苗は育つことができない」という例の法則にしたがって、ほとんどが枯れてしまう。

だとすれば、「重力散布」という戦略には、なんのメリットもないように思える。

ただし、そこに動物散布・鳥散布という戦略がプラスされると、話は変わってくる。

そのためにドングリの木が考えたのが、「豊作年を数年に一度にする」という、一見「ンッ？」と首をひねるような戦略だったのである。

どういうことか。

ドングリの仲間は、ご存じのようにおいしい。したがって、これを好んで喰う動物はいっぱいいる。そういう動物がいっぱいいる状態で、もし毎年同じ数だけの実を生らしたら、たぶん、その分だけ動物が増えて、毎年の実をすべて喰い尽くされてしまうだろう。

一方、豊作年を何年かに一度に減らしておけば、その年には、動物たちが食べきれないほどの数の実が生ることになる。

すると、リスとかカケスみたいな「口いっぱいにドングリを頬張って、冬の食料のために地面に埋めて貯蔵する」という習性を持つ動物たちが、せっせと実を運んで埋めてくれるのだ。彼らの小っぽけな脳では、「これだけ埋めたから、もう今年の冬は大丈夫だ」なんてことまでは分からないので、目の前にドングリがある限り、せっせと運び、せっせと埋めてくれる。

そして、食べきれなかった分が、地面の中から芽生えてくるのである。

そういう動物を効果的に集めるためには、ドングリは一カ所にかたまっていたほうがいい。これまで、ドングリの実生の調査をしてきた研究者たちは、親木の下のドングリほど、動物の採食を受けるリスクが高いという「否定的な」報告をしてきたように思うが、はたしてそうなのだろうか。

何度も言うように、自然界は、メリットのない方向には進化しにくい。「決して育つことがない」自らの下にたくさんのドングリを落とすという、一見無駄に思える戦略には、やはりそれだけの理由があるのだと考えるほうが分かりやすい。

ちなみに、もしドングリの木の戦略が「重力散布」だけなのだとしたら、重力では決して転がっていくことができない山の尾根筋に、あんなにもたくさんのドングリの木が生えている理由が、まったく説明できない。

あれは、カケスが運んでいったドングリが、立派に育った姿なのである。

「利己的な遺伝子」理論は正しいか

だいぶ前になるが、イギリスの生物学者リチャード・ドーキンスによる「利己的な遺伝子」理論が一世を風靡《ふうび》したことがあった。おぼろな記憶によれば、生物はＤＮＡという二重螺旋《らせん》の遺伝子の「乗り物」にすぎず、遺伝子は自らのコピーを存続させるために、あらゆる利己的な策略を弄するというようなものだったと思う。

確かにそれは、一面としては正しいのだろうけれど、しかし、あの議論には、いままでこの本で観察してきたような、「共生」や「共進化」の視点が欠けていたように思う。

実際の自然界では、遺伝子が、自らのコピーを存続させるためにひたすら利己的な戦略をとってしまうと、むしろ生態系から手痛いしっぺ返しを喰う可能性が高いのである。

コナラやクヌギが独占してしまった林が、カシノナガキクイムシにお灸をすえられたように、自然界では、利己的な生き残り戦略に対しては、環境からの強い淘汰圧が加わる。

反対に、お互いに利益になるような行動には、強い進化圧がかかる。

自然界が多様性に向かいたがるのも、そうした進化圧のひとつの結果だろう。

多様であるほうが――多様な環境の中に身を置くほうが、自分も、そしてみんなも生き残れる可能性が高くなるのだ。反対に言えば、自然界では、一種類だけが目立つのはリスクだということだ。

天敵から身を守るためには、多様性の中に隠れているほうがいい。一〇種類の木の中に隠れてしまえば、天敵に見つかるリスクはずっと少なくなる。一〇〇種類の木が隠してくれるなら、無敵だろう。これを生態学用語で「かくれんぼ戦略」という（ホントは言わない。たったいま思いついただけです。すみません）。

この理屈は、動物だろうが、微生物だろうが違いはないはずだ。

このようにして、あらゆる生物の遺伝子が集合した、地球全体の遺伝子プールの中では、たった一種類の生物の遺伝子による「自分だけがよければいい」という利己的戦略は通用せず、むしろシステム全体を持続させる方向へと進化は進んでいく。

そのシステムが持つ精緻なバランスは、ほとんど奇跡と言っていい。

アメリカの生物学者レイチェル・カーソンが言うように、生き物たちの世界は、見れば見るほど、文字通り「センス・オブ・ワンダー」に満ちているのである。

第四章

身近な環境に、生物多様性を取り戻すために

生物多様性の本当の意味とは

さて、ここからは、身近な環境に「生物多様性」を取り戻そう、という話に入っていくのだが、その前に、ひとつ確認しておきたいことがある。

生物多様性とは、数の競争ではない、ということだ。

ここが、しばしば誤解されているところである。

実のところ、単に種の数ということなら、熱帯雨林のほうが日本よりもはるかに多いし、日本の中でも、九州と北海道を比べたら、九州のほうがずっと多いのだ。

太陽からのエネルギーのインプットが多いほうが、種の数が多くなるという単純な理屈である。

では、熱帯のほうが、日本よりも「生物多様性」に富んでいると言っていいのだろうか。

そんなことはない。

大切なのは、その場所の生態系ピラミッドが、「その場所ならではの種構成」によって安定したバランスをとり得ているか否かなのだ。

北の大地では、少ない数でも、充分にバランスのとれた生態系ピラミッドが成立する。

反対に、熱帯地方では、それだけたくさんの種がいなければ、安定した生態系ピラミッドが確立できないのだ。

人為的な攪乱や温暖化による環境の激変に対して、より脆弱なのは、むしろ種数の多い熱帯なのかもしれない（北の生態系ピラミッドも、当然かなりのダメージを受けるだろうけれど、修復の可能性は高くなる。比較的少ない種数での再構築に挑戦できそうだからだ）。

数の競争にばかり頭がいってしまうと、そういう重要な視点を見落としてしまいかねないのだ。

この本が、「生物多様性」という言葉よりも、むしろ「生態系ピラミッド」という言葉を多用しているのには、そんな理由もあるのである。

☆

もうひとつ、身近な環境の話に入る前に、準備運動としてやってほしいのは、「目」のチューニングである。

どういうことか。

たとえば、である。

旅先で、見渡す限りのサクラソウとか、一面のラベンダーとか、一面の菜の花とか……そういう、世界全体が一色に塗りつぶされているような光景を見て、

「マア、きれい!!」

とため息をつくような感覚に、まず疑問を差しはさんでほしいのである。

ま、あれはあれで確かにきれいなんだけれど、ただし、ああいう光景が、「あれ？　ちょっと不自然かな」と思うところから、一歩が始まるのかもしれない。

最近は、自然界でも、一面のクリンソウとか、一面のカリガネソウ、一面のトリカブト……なんて風景が一時的に成立することがある。一見きれいなんだけど、しばしばそれは、鹿が増えすぎた土地で、鹿の口に合わないために「食い残された」草だけが増えた結果だったりする。

なんだかなあ、なんである。

北海道で一面のクリンソウを前にして、つい、

「いやあ、不気味な光景ですねえ」

とつぶやいて、自慢たらたらの土地所有者たちの神経を逆なでしてしまったことがある。

確かにこっちも礼儀知らずだったのだけれど、しかし、鹿の食害を自慢するというのも、やっぱりいかがなものかと思う。

そういう分かりやすい単純な風景に比べて、本当の自然の美しさはもっと複雑で、もっとモザイク状をなしていることが多い。

さらに言うと、花ひとつをとっても、お花屋さんで売っているような園芸種に比べれば、

はるかに地味で目立たないことが多い。

しかし、である。松尾芭蕉が、

「よく見れば、ナズナ花咲く垣根かな」

と詠んでいるように、

「よく見れば」、本当に可憐で、上品で、愛らしい花が多いのだ。

そんな自然な「美」に、ぜひ気がついてほしいと思う。

クイズ。人類を利用して増えた動植物がいる。さて、なんだろう？

さて、身近な生物多様性を考える上で、欠かせない動植物がいる。

前章の動物散布系の話を受けるなら、動物散布の中でも、特に変わった戦略——つまり、「人類散布」という戦略をとった、一群の動植物である。

さて、いったいなんなのか。

ま、ちょっと考えれば分かるだろうけれど、それは農作物と家畜である。

われわれの身近な環境のかなりの面積を占めているのが、人間のための食料をつくる農地と、家畜のための牧場や牧草地、トウモロコシなどの餌植物の栽培地なのだから、それを無視して「生物多様性」を語ることはできない。

☆

　さて、米、麦、トウモロコシ、イモ、豆などのデンプン系作物や、数々の野菜、ブドウなどの果樹は、どれもこれも、野生下では、絶対にこんなに繁殖できなかった植物たちだ。

　そういう植物が、国境を越え、大洋を越えて、全世界に広がるという快挙を成し遂げたのは、まさに、人間にすり寄って、人間を利用してやろうという戦略をとったからに他ならない（ホントか？　ホントに植物がそんなことを考えたのか？）。

　ただし、人間と一緒にやっていくためには、彼らもたくさんの妥協を強いられてきた。

　たとえば、稲や麦は、熟した実を地面に落とすという能力を奪われてしまった。

　人類は、「熟した実を穂から落とすという遺伝子」が「壊れた」系統だけを選び、それ以外を田畑から追放するという暴挙に出たのである。

　野生下では、こんな遺伝系は、小鳥や動物たちに真っ先に食べられてしまうから、子孫を残すことは、まずできない。しかし、人類にとっては、この性質は好都合だった。地面に落ちたモミを一粒一粒拾うのと、穂ごと収穫するのでは、労力が格段に違う。そっちの遺伝系を選択的に増やそうと考えたのも当然だったろう。

　果樹には、他家受粉――つまり自分の花の花粉では実がならず、別の株の花粉で初めて結実できるタイプと、自家受粉――つまり自分の花の花粉で結実できるタイプの二つがあり、自然状態では、他家受粉のものが圧倒的に多い。

自家受粉では遺伝子の多様性が低下しやすく、劣勢遺伝が表面に出やすいからだ。こういう遺伝系は、環境変化に適応する能力が低く不利になる。

そのため、野生の果樹では、たとえ自分の花粉がついても花粉管が伸びないように妨害する機構が備わっていたり、雄しべと雌しべの成熟時期をずらすことにより自家受粉を防ぐような、様々な工夫がこらされている。

しかし、いざ栽培するとなると、他家受粉は効率が悪い。受粉用の木を植えなければならないので、畑の面積も余計に必要になるし、受粉を助ける虫が少ない環境では結実率も悪くなる。そういうわけで、人類は、たくさんの苗木の中から、「自家受粉をはばむ遺伝子」が「壊れた」遺伝系を選び出してきたのだ。

原種にしてみれば「そんなはずじゃなかった」といったところだろうが、しょうがない。人間というのは、基本的に、自分のことしか考えていない動物なのだから。

ここにきて、「生物多様性が大切だ、なんだかんだ」と言い始めているのも、いままでのやり方では、どうやら人類に未来がなさそうだと気がつき始めたからにすぎない。あくまで「人間のために」、人間以外の生き物「も」大切にしよう、と思い始めたということだ。

人間中心主義である。

☆

ぼく自身はアンチ人間中心主義なので、ちょっぴり意見が違う。

ある時ぼくは、有名なインチキ占い師に「前世」を見てもらったことがある。アホな友人たちは、クレオパトラだ、ナポレオンだなどと言われてキャーキャー喜んでいたが、いよいよぼくの番になると、さすがにドキドキしてきた。人殺しをなんとも思わない異常人の信長とか、屈折したエロオヤジの秀吉が前世だなんて言われたらどうしよう、なんて心配になったのだ。ところが、ぼくの顔をじっと見つめた高名な占い師氏は、ハッと驚いたように目を見張り、たった一言、

「なんと！　あんた、前世は大腸菌だわ」

と断定したのだ。

「だ、大腸菌!?」

さすがに最初はびっくりしたけれど、言われてみれば、思い当たる節がないではない。山を歩いていても動物たちのウンコが気になってしょうがないし、昆虫の中で一番好きなのはフンコロガシなどのウンコ虫仲間だ。信じてもらえないかもしれないけれど、ウンコに住んでいるコガネムシの仲間って、本当にきれいなのだ!!

オオセンチコガネなんていうコガネムシは、タマムシの虹色を地方変異で分け合うという

特殊な棲み分けをしている。黄金色の個体から赤銅色の個体、瑠璃《るり》、紫、藍、緑……と、信じがたいくらいに多彩で美しい。

ぼくは「掃きだめに鶴」とか「青は藍より出でて藍より青し」なんてのよりも「ウンコ玉からウンコ虫」のほうが、よりふさわしいコトワザなんじゃないかと……いや、しかし、話がそれすぎた。

そういう前世大腸菌人間の目からすると、人間中心の生物多様性論は中途半端でいけない。人間は、生物多様性の輪の中の一員に戻るべきなのだ。

ま、前世大腸菌の言うことなので、真剣に聞いてもらう必要はないのだけれど。

品種改良は多様性を減らすか？

ということで、話を農作物に戻すと、ここにきてやっかいなのは、品種改良の歴史が、急速に多様性を減らす方向に動いているように見えることだ。

かつては、そんなこともなかった。

もちろん、「人間にとって都合のいい」という大前提付きではあったものの、かつての農作物は、地域地域の異なる気候条件に合わせて、地元ならではの固有種が作出され、大切に守られてきた歴史がある。ところが、そういう固有種は栽培が面倒くさい。種子を自家採取するにも手間がかかる。その上、グローバリズム時代の「流通」にはそぐわない。
ということで、次第に固有種は消え、大手種苗会社がつくった「優良」品種だけが、世間を席巻することになったのである。

さらには一代交配種（F1）が主流になると、自家採種など問題外になってしまった。緑の革命のところでも触れたように、F1は、その名の通り交配種なので、種を取って育てたところで、同じ品種にはならない。メンデルの法則通り、無数の異なる形質を持った（ダメな）苗が生まれてしまうのだ。種を蒔いても芽生えないように不発芽処理を行っている種もある。

つまり、いったん種苗会社の優良品種に頼り始めたら、永久に種苗会社に依存し続けなければならないのだ。

しかし、F1だろうがなんだろうが、単一種の大規模栽培を続ければ、必ず病害虫を呼ぶ。連作障害といって、同じ品種を続けて栽培することが困難になってくるのだ。

そのため、種苗会社は、常に先を見越し、新しい病気にも強い新しい品種を用意し続け、ダメになった品種は次々に捨て去るという流れをつくっている。素晴らしい企業努力という他はない。

今後も、大規模栽培と大量消費を維持したいならば、この企業努力を続けてもらう他にないのかもしれないけれど、でもね、連作障害を引き起こしている根本原因は、同じ品種を同じ場所で毎年栽培し続けるという農習慣そのものにあるのではないだろうか。大麦の後にはトウモロコシ、トウモロコシの後には今度は小麦、小麦の後には大豆……というような、昔ながらの輪作体系を取り戻せば、そんなに大急ぎで新品種をつくらなくてもいいように思う。

ぼくらの会社が、ウイスキーやビールの原料として使っている大麦の世界でも、一〇年程度の周期で新しい品種に目まぐるしく移り変わっている。しかしである。品質だけを考えたら、昔の大麦のほうがよかった側面も多いのだ。というわけで、われわれは、一部ではあるけれど、あえて古い品種にこだわって、独自の味わいの確保に努めたりしている。

もちろん、いまの需要を満たすためには、全面的に輪作に戻すことは不可能だろうけれど、一部だけでもいい。昔ながらの知恵に戻る産地があってもいいのではないか。

☆

家畜の場合には、もっと極端なことが起こっている。

人間が飼い始めたら、動物にどんな改変ができるかは、犬を見ればよく分かるだろう。チワワからグレートデンやブルドッグまで……同じ犬という種族で、これほど好き勝手に姿形をいじることができるとは、にわかには信じがたい。

豚にしてもそうだ。ベーコンをたくさん取るために、ヨーロッパ人は、なんと豚のアバラ骨の数を増やしてしまった。昔、某ファストフード企業が四本足のニワトリをつくったという都市伝説があったけれど、豚のアバラのほうは、ジョークではなく、事実なのである。

そういう「改良」に次ぐ「改良」は、農作物同様、古い品種を次々に捨て去るという急速な流れをつくっている。農作物ならば、シードバンクをつくって、古い品種の種子を残しておくという、最終的な避難所を設けることもできるけれど、家畜の場合にはそうはいかない。捨てられた品種はそのまま滅びるしかない。再現することは不可能なのである。

原種が幹で、改良種が枝だとすると、現在の品種改良は、わずか数本の枝を選び、その枝の先の小枝へ、さらにその小枝の先の小さな小枝へと進んでいるように見える。

遺伝的な多様性のポテンシャルは、枝先に進めば進むほど小さくなっていくだろうことを考えると、幹に近い品種の喪失は、将来の改良の可能性を狭めているだけのような気がする。

自然界で多様性が大切なのと同様に、たぶん、農畜産業でも多様性は不可欠なのではないだろうか。

まずは、農地から始めよう

さて、身近な環境に生物多様性を取り戻そうとする時、最も効果的なのは農地の再生だろうと思う。

そして、そういう活動を地域ぐるみで始めようという際にも、実は生態系ピラミッドがとても役に立つのだ。

自然再生のシンボルとしては、ピラミッドの頂点に位置するアンブレラ種を選ぶほうが、大きなピラミッド全体を見つめることができるので有効だということは、すでに述べた。

大きな森の場合には、森林性の猛禽類であるクマタカなどがふさわしいのだが、では、田畑の場合にはどうだろうか。

☆

よく、ホタルをシンボルにしよう、という活動がある。

それはそれでいいのだけれど、ホタルはピラミッドの中では、かなり下のほうに位置する虫である。餌動物もカワニナ一種類に限られてしまうので、カワニナが棲める環境と、ホタルが蛹《さなぎ》になれる土手を再生しよう、というあたりで活動は終わってしまう。

ホタルを見ることができる季節が初夏に限られるという点も、少し残念かもしれない。こういう活動は、当事者だけでなく、できれば地元の人たちに広く認知され、共感を得たいところなので、その成果が季節を問わずいつでも目にできることも重要なのだ。

もちろん、ホタルのためには、農薬を減らす必要があるし、その他の生き物たちへの派生効果も期待できるので、活動の方向性としては決して悪くない。

比較的小さなグループが、小さなピラミッドを再生しようという活動の場合には、正しい選択だと言っていいだろう。

☆

一方、大きなピラミッドの頂点をシンボルにすると、どんなことが起きるのだろうか。

ここでは、田んぼの生態系ピラミッドを例にとって考えてみたい。

田んぼにおける一次生産者は、稲はもちろんだけれど、その他にもウキクサやオモダカなどの田んぼの雑草、そして水中で繁殖する多種多様な植物性のプランクトンなどである。一次消費者としては、ミジンコやイトミミズ、様々な草食性の虫――バッタやチョウの仲間、ウンカなどの稲の害虫もこの中に含まれる。その上には、雑食性の魚たち――フナやドジョウなど。さらに肉食性の生き物たち――クモやトンボ、タガメ、カエル、ウナギ、ヘビなどが乗っている。そして、その頂点にふさわしいのが、実はコウノトリやトキなどの、水辺の大型鳥類なのだ（口絵裏面参照）。

ちなみに、コウノトリは、猛禽類以上になんでも食べる。ドジョウも食べるし、ウナギやコイも食べる。ウシガエルみたいな巨大なカエルも食べるし、ネズミも食べる。バッタなんかも、目につけば素早くつかまえて食べるし、ヘビだって、ノコギリみたいなクチバシで細かくちぎって食べてしまう。

つまり、コウノトリをシンボルにした再生事業を始めると、巨大なピラミッドを構築することが可能になるのだ。

その流れの中で、ホタルの復活も望めるし、子供たちによる田んぼの生き物調査などのイベントも組めるだろう。ドジョウすくいイベントとかも可能だし、田んぼの水を落とす際には、ウナギ取りもできるかもしれない。

アマガエルやクモが大量に増えて、害虫の被害を低減してくれる効果も期待できるだろう。

昔の人は、コウノトリが赤ちゃんを連れてくると信じていたようだけれど、どうやらコウノトリは、赤ちゃんだけではなく、ステキな環境、ステキな未来も連れてきてくれるようなのだ（そういえば、赤ちゃんって、未来そのものですよね）。

ただし、プラスがある以上、マイナスもある。

ひとつは、相当に広い地域の農家による合意形成が必要になるということだ。これは、一筋縄ではいかない。

有機栽培も、最初の数年は、予想を超えた収量減になる可能性がある。

長年、化学肥料と農薬に依存してきた田んぼでは、農薬をやめ、有機肥料に切り替えても、そうそう簡単に生き物たちは戻ってきてくれない。有機栽培というものは、田んぼに複雑な生態系が戻り、多様な生き物たちのバランスによって病害虫の大発生を防ぐというシステムなので、生き物たちの多様性が復活するまでは、なかなか思い通りの成果は望めないのだ。

生き物の復活のためには、用水路の流速を、魚が泳げるくらいまでゆるやかにしてあげるとか、川と田んぼの交流を復活させるための魚道の設置とか、田んぼから水を落とす時期に水生生物の逃げ場になるような池を田んぼのはじっこにつくるとか、様々な設備投資も必要になる。

そういう初期の「我慢」をしのぐためには、やはりなんらかの応援が必要になる。

それは、行政による補助かもしれない。

田んぼが、単なる米工場ではなく、子供たちへの教育――たとえば「田んぼの生き物調査」とか、田植え体験、収穫体験――なども含めて、様々な生態系サービスの発信基地になるとすれば、そのサービスは、地域住民の誰もが享受できるものになる。

とすれば、それを行政が支えるのにも、理屈が立つというものだろう。

もちろん、そのためには議会を通した、正式な住民合意が不可欠である。

☆

企業の応援の可能性もあるかもしれない。

たとえば、社員教育の一環として、田植えや稲刈り、田んぼの生き物調査のイベントを催し、その教室として田んぼを使わせてもらう代わりに、なんらかの補助をするという枠組みである。獲れたお米を社員食堂などで使わせてもらうような流れもいいだろう。

さらにお国にお願いしたいのは、「全国田植え祭」の創設である。

いま全国の都道府県が交代で催している「全国植樹祭」は、正直なところ、すでに初期の目的を達成したように思われる。

戦後の荒廃した山林を復活させるために、全都道府県を回り、植樹を通して緑を大切にする心を育むという目的は、まことに正しかった。

しかし、すでに日本の森は、「植える」から「育む」の段階にきている。植えなければならないような裸山は、もはやほとんどない。

一方、日本の田んぼは、いまや経営難と後継者不足で危機的な状況にある。

その危機を乗り越えるために、大規模化・集約化を進めるのもひとつの手だし、それはそれで大いに進めていただければいいのだけれど、一方では、有機栽培による昔ながらの「生き物のにぎわいにあふれた」田んぼを復活する流れも「国策」として進めていいのではなかろうか。

多様性が必要なのは、なにも生態系だけではない。政策だって多様なほうが未来は柔軟になる。そのシンボルとしての「全国田植え祭」である。

頑張って有機栽培を続けている、あるいは始めようとしている地域を毎年一カ所ずつ選定し、全国の財界人や文化人、お役人が集って一斉に田植えをするのだ。そういう田んぼの空に、将来、コウノトリやトキが舞うようになれば申し分ない。「田植え祭」には、普段ふんぞり返っているようなお偉方を、みんなドロンコにしてやろうという、裏のネライもある（笑）。清潔なドロと一緒に、彼らの世界観も、ほんの少しだけ変わるかもしれない。

これは、決して夢物語ではない。

トキで地域再生を始めている佐渡や、コウノトリの野生復帰に成功した兵庫県の豊岡市だけではなく、全国で、そんな流れが胎動を始めている。

豊岡で巣立ったコウノトリは、すでに全国を飛び回り始め（中には朝鮮半島まで行っている子もいる）、京丹後では営巣も始めている。越前でも、コウノトリを受け入れるための田んぼの整備が始まった。

関東地方では、多くの自治体が参加して「関東エコロジカル・ネットワーク」というゆるやかなネットワークが誕生している。中でも熱心な千葉県の野田市では、谷戸《やと》（丘に囲まれた谷状の土地）の田んぼをまるまる有機化し、谷の奥にコウノトリの飼育設備まで用意して、多摩動物園から借り受けたペアを飼育している。二〇一三年から二年連続で二羽のヒナが巣立ち、二〇一五年には四月現在で三羽のヒナが育っている。谷戸の田んぼには、びっくりするほどのスピードで生き物たちが戻ってきており、谷戸の外でも、減農薬・有機栽培に踏み切る農家が増えているという。市長は、一日も早くコウノトリを野生復帰させたいと意気込んでいるそうだ。

同じ千葉県のいすみ市では、二〇一四年にちょっとした奇跡が起こった。コウノトリを受け入れるための準備を進めている田んぼに、なんと、豊岡市から一羽のコウノトリがはるばると飛んできてくれたのだ。この時は、数日の滞在で飛び立ってしまったようだけれど、整備が進めば、いつかは住みついてくれる可能性も出てくるだろう。思いは天に通じる、ということだろうか。

時代は、確実に変わりつつあるのである。

無農薬有機の可能性

田んぼで生物多様性を復活させようとする時、立ちふさがる最大の障壁は農薬問題である。効率的な大規模栽培という前提に立つと、農薬は一見、不可欠な「薬」のように見える。単一品種の大面積栽培というコンセプトは、もともと、多様性により特定の虫や細菌が大発生するのを防ぐという、「自然界が数億年単位で進化させてきた戦略」の対極に立つものだからだ。

たった一種類の作物を、見渡す限りの大面積で栽培すれば、その植物を好む虫や菌が大発生するのは、理の当然だろう。

大自然の摂理からすれば、有機栽培など、もともと無理なのだという考え方にも、一理はありそうに思える。

したがって、ぼくが関係している地下水涵養や愛鳥の仕事で、有機栽培をお勧めすると、まず第一声は、「有機栽培は、そんなに楽なもんじゃない！」

というお叱りの声だったりする。

高齢化が進む農業の現場で、お年寄りたちが田畑を管理しようとしたら、農薬と除草剤、化学肥料と機械の四点セットに頼らざるを得ないのだ、というお声もよく聞く。現場を知らない都会人が、寝言を言ってるんじゃないよ、と。

手間のかからない有機栽培

しかし、そうやって頑固に慣行農法（従来型の農法）を守っている方々の傍らで、有機農法のほうもどんどん「楽で手間がかからない」方向に進化しているのである。

戦後の日本の水田農業の歴史をごく大雑把にたどると、まずは多産型、多収穫型の品種改良が行われた。

その成果が上がり、一定の収穫量が確保され、同時に食料の輸入が始まると、量よりも質を目指す食味改善型の品種改良と、農業機械の導入による「省力化」が推し進められた。この「省力化」の中に、化学肥料、農薬、除草剤も含まれていたわけだ。

したがって、四点セットをやめませんかという提案は、自動的に「省力化」への反対だと受けとめられやすいのである。

しかし、現在の有機栽培は、「省力化」とぶつかり合うようなものではなくなりつつある。

たとえば、九州の水田では、植えたばかりの苗を喰ってしまうジャンボタニシ（スクミリンゴガイ）という外来種に、長年悩まされてきた。もともとは食料として一部の養殖場に導入されたのだけれど、これが環境中に逃げ出してしまい、いまでは、水田だろうが池だろうが、川だろうが、いたるところに生息して縄張りを広げている。

駆除の手立てもない。

田植え直後のまだ柔らかい苗を喰い荒らしてしまうので、農家の人たちは頭を抱えていた。ところがある時、田植え直後の田んぼに野菜クズを撒いた農家が現れたのだ。

すると、どうだ。

ジャンボタニシは、野菜クズに群がって、稲苗には見向きもしないではないか。そうこうするうちに、稲苗はジャンボタニシが食べられないくらいにまで硬く大きく成長してくれる。

その段階で野菜クズの投入をやめると、喰うものがなくなったジャンボタニシは、稲以外の雑草を片っ端から食べるしかなくなる。こうして、田んぼの農作業で、最も大変だとされている除草作業が一切いらなくなったのだ。四点セットのうちの除草剤に「さよなら」である。

害虫（害貝？）がいきなり益虫に変わったのだ。

外来種だという点に一抹の不安が残るが、すでに駆除が不可能なまでに増えてしまった外来種の場合には、こういう共生の道を探るのも、ひとつの手なのかもしれない（考えてみれば、稲だって、もともとは外来種だったのだ。もちろん、ジャンボタニシを使う場合には、田んぼから外部環境に逃げ出していかないように、可能な限り気をつける必要はあるだろうけれど……）。

☆

田んぼの除草では、ＮＰＯ法人民間稲作研究所の稲葉光國さんも、画期的な方法を開発している。

稲葉さんの方法を一言で言うと、大きく育てた成苗《せいびょう》と、二回代掻《しろか》き、田んぼの深水管理、米ぬかを主体とした有機肥料、そして冬の間も水を張っておく「冬水田《ふゆみず》んぼ」である。

まず、稲刈り後の田んぼに米ぬか等の有機肥料を撒いてから、浅く耕して稲の根株をすき込み、一カ月ほど発酵させてから、その後は冬の間中たっぷりと水を張っておく。すると田んぼの中には、様々なプランクトンやイトミミズ、アカムシ（ユスリカの幼虫）などが増えてくる。川と田んぼの間に設置した魚道からは、それらの餌を目当てに、ドジョウやフナなど、たくさんの魚がやってきて、田んぼに棲みつく（近代に入って分断されてきた水のつながりを取り戻すことは、多様性復活のための重要な要素である）。

魚を狙ってシラサギがやってきて純白の優美な姿を見せてくれるし、カモの仲間も集まってくる。地域によっては、カワセミが宝石のような姿を見せてくれることもあるだろう。

田植え前には、代掻き（水を張った状態で田んぼを耕すこと）を二回やる。一回目は田植えの三〇日ほど前に、たっぷりと水を張って行う。水の中で土をかき混ぜるようにして耕すと、最初に砂が沈み、ついで粘土が沈み、最後に雑草の種が沈む。こうやって、土の中に眠っている種を地表に引っぱり出してやるのだ。その後は水位を低くして地温が二〇度以上になるまで陽の光で温める。すると、土の上に乗った種が一斉に芽生えてくる。二回目の代掻きは、田植えの三日前。もう一度たっぷり水を張ってから行うと、驚くなかれ、芽生えてきた雑草が全部水に浮いてしまうのだ。

田植えは、大きく育った成苗を、できれば一本ずつ、多くても三本を限度に植えていく。

近年の田植えでは、まだ小さな稚苗を五、六本ずつ植える傾向があって、むしろそれが常識のようになっているけれど、これは田植え機の「機械の都合」に合わせた方法で、「稲の都合」ではない。五、六本一緒に植えられた苗は、密集して風が通りにくいために、病気にかかりやすくなるし、一本あたりの分ゲツ（一本の苗が茎の途中から枝分かれして本数が増えていくこと）も五本程度と少なくなる。

一方、大きく育てた丈夫な成苗は、健康で病気にもかかりにくい。その上、分ゲツの数が多くなる。多い場合には一株が二五本以上に分ゲツする。しかも一本の穂につくモミの数も圧倒的に多い。慣行栽培が七〇粒程度なのに対して、一二〇粒を超えることも珍しくない。上手にやれば、慣行栽培以上の収穫量だって夢ではないのだ。

だったら、なんで成苗植えが普及しなかったのかというと、田植え機がなかったからだ。

そこで、稲葉さんは、丈夫な成苗をつくるための特別の苗床と田植え機を農機具メーカーと一緒になって開発した。つまり、伝統的な成苗でも手植えをする必要がなくなったということだ。楽をして成苗が植えられるなら、この技術は当然普及していくだろうと思う（残念ながら、まだすべてを一本ずつ植えるところまではきていない。二、三本一緒に植わってしまうこともあるのだけれど、その場合でも、五、六本一緒に植えられた稚苗よりもずっと丈夫だし、一本あたりの分ゲツ数も多くなる）。

☆

さて、田植えがすんだら、米ぬかをベースにした小粒の固形有機肥料を田んぼ一面に撒き、七センチ以上の深水管理を始める。

実は、田んぼの雑草のうちで、一番やっかいなのは、コナギとヒエの仲間の二種類だけだと言っていい（その他の雑草は、さしたる害は及ぼさないから、よほどのことがない限り放っておいてもかまわない）。その二大雑草の一方のコナギを、米ぬかがやっつけてくれるのだ。

コナギの種は、田んぼの土の中に文字通り無数に眠っていて、土の表面に浮かび上がる時を待っている。したがって、二回目の代掻きで表面の発芽苗を水に浮かせてしまっても、土の中の予備軍を全滅させることはできないのだ。二回目の代掻きをすると、再び土の中に眠っていた種が水に漂い、田んぼの表面に出てくる。こうして土の表面に沈殿した種は、三日後くらいから一斉に発根を始めるのだが、それと機を一にするようにして、撒いた米ぬかが発酵を始めて強い酸を発生させるのである。コナギの根は、実は、この酸に弱いのだ。たったこれだけのことで、コナギは全滅。

大切なのは、これ以降、絶対に田んぼの中に入らないことだ。田んぼに立ち入って土を攪乱すると、またもやコナギの種が土の中から漂い出てきてしまう。

もう一方のヒエの仲間は、深水管理でやっつける。

米ぬかの発酵が終わり、コナギが全滅した後に、今度はタイヌビエなどのヒエの仲間が発芽してくることがある。でも、心配はいらない。

この時期になると、田んぼの土の表面は、二回の代掻きと米ぬかの発酵、イトミミズやアカムシの活躍で、間違いなくトロトロになっている。このトロトロ層は、あまりにも柔らかすぎて、根を支える力がないのだ。こういう状態で水深を七センチ以上に保っておけば、生えてきたヒエの仲間は、確実に浮いてしまう。

トロトロ層の出来がいまひとつの田んぼの場合には、水深を一五センチ程度まで上げてやればいい。ヒエの丈が一〇センチを超えるころには、間違いなく、葉の浮力に耐えられなくなって浮いてしまう。こうしてヒエも全滅。

ただし、この方法は、稲とヒエの背丈差を利用しているので、あらかじめ大きく育てた成苗植えが絶対条件になる。従来通りの機械植えでは、実行できないということだ。

☆

ちなみに、この成苗植えは、ジャンボタニシが侵入してしまった地方では、さらに威力を発揮する。ジャンボタニシは、すでに大きく育ってしまった稲苗を食べることはできないので、稲以外のものを喰うしかない。田面の全体が水に浸っている状態さえ維持しておけば、コナギだろうがヒエだろうが、後から生えてきた雑草は、すべてジャンボタニシが喰い尽くしてくれる。簡単で、これほど効果的な除草法はないだろう。

実践してわかったこと

二〇一四年、ぼくは、熊本の益城《ましき》町でこの方法を実体験した。益城町の一画にあるこの田んぼは、サントリー九州熊本工場の水源涵養エリアにあたっているため、すでに四年前から冬に水を張る「冬水田んぼ」という方法で地下水の涵養をお願いしていたのだけれど、せっかくの地下水涵養である。できれば有機栽培にしたいではないかということで、稲葉さんにご指導をお願いしたところ、杉本さんと松本さんという二人の熱心な農家さんが、協力を申し出てくださったのだ。

杉本さんの田んぼでは、九州熊本工場の社員と九州大学島谷《しまたに》研究室の学生から有志を募り、手植えと手刈りのイベントを行った。一方、松本さんの田んぼでは、同じことがいかに簡単に機械でできるかを町の人たちにデモンストレーションするために、機械植え、機械収穫を行った。

手植えは、とんでもない重労働で、二〇人以上が半日かかって植え終えた時には、正直、全員が死にかけていた。「昔の人は、偉い！」と、心底思った。

ところが、ほぼ同じ面積の松本さんの田んぼは、わずか三〇分で植え終わってしまったのだ。今度の感想は、当然「機械は偉い！」である。機械依存への批判など、とんでもないことだと、つくづく納得した。

一方、収穫のほうは、同じく重労働ではあるのだけれど、なぜか、実に楽しいイベントだった。

刈る人、刈った稲を束ねる人、天日干しのために竹でつくったハザ（稲架）に稲束を掛けていく人の三グループに分かれ、刈り手が疲れたら、順番に交代していく。田んぼの持ち主の杉本さんも、こんな作業はやったことがないというので、近所のお爺ちゃん、お婆ちゃんがやってきて、昔の知恵を伝授してくれる。稲の刈り方、束ね方、掛け方のそれぞれに、「なるほど！」という深いノウハウがある。

なるほど、昔の人たちはこんな風にしてコミュニティの知恵を伝承したり、人のつながりを深めたりしていたんだろうなという、気づいてしまえば当たり前の「気づき」もあり、実に得がたい貴重な体験だった。

そして、なによりも驚いたのは、本当に田んぼに草一本生えていなかったことだった。これには、杉本さん、松本さんも心底驚いたようで、

「いや、稲葉先生から話には聞いていたけど、正直、半信半疑だったからね。まさかこれほどとは思わなかった。来年は、面積を三倍くらいに増やしてみようかと思う」

という、頼もしい感想をいただいた。

九州大学の学生とサントリー九州熊本工場の社員による稲刈りイベント。

稲刈り中には、たくさんの生き物たちが姿を現してくれた。それも有機栽培の嬉しさだろう。

カエルやドジョウはもちろんだけれど、いまや準絶滅危惧種になったカヤネズミ（芦原などに草を編んで小鳥の巣みたいな巣をつくる、親指くらいの大きさの、とっても可愛いネズミ）や、宝石のように美しいカワセミ、白黒の鹿の子模様がとても上品なヤマセミなど、滅多に見られない珍客が次々にやってきて、目も心も楽しませてくれる。

そして、イベント後のビールのうまかったこと。乾ききった体細胞のひとつひとつが、全身で「うますぎる!!」と悲鳴をあげていた。

☆

除草のいらない有機で、大規模栽培するアイディアを提案しているのは、前述した九州大学の金澤先生である。超高温で好気性発酵させるという九州大学の研究成果を活用した完熟堆肥（「土と植物の薬膳」という名前）を使い、代掻き後の田の表面を、竹繊維を原料にしたマルチング素材で覆ってから田植えをする。施肥は元肥と追肥（穂肥）の二回のみ。ちなみに竹繊維のマルチング素材も金澤先生の特許である。竹繊維で光を遮られた雑草は発芽成長ができず、一切の除草作業が不必要になるというから、驚きである。

竹繊維の表面では光合成細菌が繁殖して空中窒素を固定し、稲に良質なアミノ酸や水溶性タンパク質を供給する。さらに竹は豊富なケイ酸を含んでいるために、稲の細胞膜を堅牢にして、病虫害からの免疫力を高めてくれるのだという。全国に広がっている拡大竹林問題を解決するためにも有効だと言えるだろう。

金澤先生の指導のもとで、すでに九州では、五アールの実験農場で三年連続で成功しているそうなので、未来は明るい。

☆

急いで付け加えておくと、稲葉農法の唯一の欠点は、水が豊富にある田んぼ以外では不可能だという点である。

一方、そういう水不足の田んぼでも、金澤方式なら問題なく行うことができる。金澤方式は田面を竹マルチで覆ってしまうため、ヤゴやカエルにとっては、ちょっぴり厳しい環境になってしまうという欠点があるのだけれど、この二つの農法を組み合わせれば、全国どこでも「簡単で手間の要らない有機稲作」が可能になるだろう。

☆

さて、次なる問題は、病気と害虫だ。

病気のほうは、微生物の力を借りて防除する。有機肥料で育てた土壌中には、様々な微生物が繁殖している。そういう田んぼで育てると、稲の葉の表面にも、微生物の多様なコロニーができあがるのだ。多種多様な微生物群には、一種類だけの病原菌が大繁殖するのを防ぐ力があるので、土がよくなっていくにつれ、病気の発生も少なくなっていく。

もうひとつ、病気の発生を促す最大の要因は、窒素肥料の過剰投与と、苗の密植であることが分かってきている。両方とも、「一俵でも多く収穫したい」という農家なら当然の願いから陥りやすい罠である。

現実には、稲というものは、葉色が黄色くゴワゴワした手触りになるくらいに窒素を制限したほうが病虫害に強くなる。密に植えるよりも、「こんなにまばらで大丈夫か!?」と不安になるくらいにまばらに植えたほうが、健康で、かつ一本あたりの分ゲツも多くなり、最終的な収穫量も多くなる植物なのだけれど、なかなか、そのあたりの納得は得にくいようである。

ただ、ここにきて、お米の味わいは、窒素肥料が少なすぎるくらいのほうがおいしくなることが経験的に分かってきた。おいしいお米のほうが値段も人気も上がることは当然なので、今後、窒素肥料のやりすぎは自然に減り、それにしたがって病害も減っていくのではないかと推察している。

☆

害虫はどうだろうか。

こちらも、窒素肥料の抑制と健康な土づくりによって頑健な植物体をつくることで、かなりの部分まで被害を軽減できる（ちなみに、金澤先生の圃場《ほじょう》では、「薬膳」と竹繊維による栄養バランスが極めていいためだろう、病虫害はほぼゼロで、収穫量も慣行栽培を超えているという。やっぱり大切なのは健康で抵抗力の強い稲を育てるということなのだろう）。

さらに、個別の対応を書いておくと、斑点米の原因になり、米の価格を引き下げるカメムシについては、冬に田んぼ周辺のイネ科の雑草に付いて越冬することが分かっているので、稲刈り後に田んぼ周辺の草刈りをきちんと行うことなどで、かなりの程度まで防ぐことができる。

やっかいなのは、中国南部から台風に乗って飛んでくるトビイロウンカだ。なにしろ中国で大発生したのが、そのまま飛んでくるので、これには頭を悩まされる。もちろん健全な稲を育てることで、被害をかなり低減できるのだけれど、最終的には、やはり生き物たちの力を借りて対応するしかない。

ここで威力を発揮してくれるのが、アマガエルを代表とするカエルたちと、クモの仲間だ。アマガエルを増やすためには、彼らがオタマジャクシからカエルに変態する七月半ばまで、田んぼの水を抜かないようにする必要がある。

クモは、農薬さえ撒かなければ、自然に増えてくれる。多くのクモは、子供の時に空を飛ぶことができるからだ。子グモは、稲などの葉先につかまってお尻から空中に糸を伸ばし、上昇気流が来ると足を放して空に舞い上がる。こうして、新天地を目指して旅立っていくのである。したがって、田んぼをよい環境に整え、餌になるユスリカ（トロトロ層をつくってくれるアカムシの親）をたっぷり発生させておけば、たくさんのクモが自然に集まってくる。よい状態の田んぼを早朝に訪れると、田の表面を銀色に光る紗《しゃ》のようにクモの巣が覆っているのを見ることができる。こうなれば、中国からのトビイロウンカだって心配ない。文字通り一網打尽だ。

クモの巣をすり抜けたウンカも、稲の葉の上で待ち構えているアマガエルたちが次々に食べてくれる。二段構えの防御である。

そういう田んぼでは、時に子グモたちの旅立ちを目撃することもできる。

よく晴れた日のお昼時、無数の糸がキラキラと陽光に輝きながら舞い上がっていく光景は、幻想的なまでに美しい。

伝統野菜の復活

田んぼ以外の農地では、できれば、地域の固有種＝伝統野菜に、改めて目を向けてほしい。大手種苗会社がつくるF1品種は、都会で生活する分には、とても便利でおいしいけれど、田舎に旅した時にまで同じものを食べさせられるのは、実に味気ない。

地域地域の伝統野菜は、しばしば味に癖があったり、形がいびつだったりするのだけれど、それにふさわしい料理法さえ見つければ、「癖」は「個性」という長所に変わり、「いびつさ」も「形の面白さ」という長所に変わる。

伝統品種は、長い歳月をかけて、その土地の風土に適応する方向に進化・選別されてきたものなので、当然、病気や害虫にも強い。その意味でも復活には意味があるのである。

田舎に行って意外に思うのは、地元の人たちが、固有種をあたかもF1品種よりも劣っているかのように思い込んでいる点である。しかし、そういう劣等感をきれいに拭い去った成功例もあるのだ。

たとえば、イタリアンの奥田政行シェフによる、山形の伝統野菜の再発見である。伝統野菜の個性的なおいしさに目を見張った奥田さんは、山形大学と共同で古い品種の復活と農家の支援に取り組んだ。

いまでは、奥田さんのレストラン「アル・ケッチァーノ」の料理を味わうために、わざわざ山形に旅する人が後を絶たない。山形の伝統野菜そのものも、ブランド品のような様相を呈し始めている。

同様なことが、京野菜でも起こった。

京都のレストランでは、フレンチだろうが、イタリアンだろうが、京野菜を実においしく料理してくれる店が続々と増えている。

ぼくの身の回りでも、京料理ではなく、京フレンチ・京イタリアンのために京都に旅行する人がたくさんいる。

世の中には運べるものと、運べないものがある。これまで、世界の「文明」は運べるものばかりに価値を見いだしてきた。グローバリズムは、その最たるものだろう。

そういう文明的な価値観からすれば、伝統野菜みたいな「生産量が少なく」「地元以外の需要も少ない」作物など、なんの価値もないのかもしれない。

でもそれは、いったんその魅力を知った人たちにとっては、わざわざ足を運んでも楽しみたい宝物なのである。

地方には、まだまだ埋もれた宝物がたくさん眠っている。

いまは、その宝物の再発見が列島各地で始まっているところである。

驚いたことに東京でさえ、そうした流れとは無縁ではない。檜原《ひのはら》村の伝統的なジャガイモの再評価なんかも、注目に値する。

案外近いうちに、この流れは、時代を変える大きな奔流になるのかもしれない。

不耕起という方法

不耕起栽培法については、海外の土壌流出防止策のところでも、ちょっとだけ触れておいたが、日本の畑でも、雑草の根を抜かないこの農法は着実に広がりつつある。

方法は、いたって簡単。

雑草の背が高くなって、作物の邪魔をしそうになったら、根際で刈り、刈った雑草は地面にそのまま敷いておく。それだけ。

最近は、軽くてコンパクトな草刈り機も安く出回っているので、兼業農家が世話しているような小さな畑なら、それで充分に間に合うだろう。

もちろん、根を残しているので、雑草はまた生えてくる。そうしたら、また刈って、地面に敷いておく。

大規模栽培には向かないだろう、という意見もあるかもしれないけれど、日本の技術をもってすれば、畑のウネ間の草を刈る機械なんかは、簡単につくれるはずだ。ウネの上の除草が大変なら、そこは妥協してマルチ（土壌被覆）を導入してもいい。ただし、一般的に使われている黒いビニールのマルチは避けたい。抑草効果は抜群なのだが、生き物の多様性という点で難がある。そこで、たとえば、水田のところでご紹介した竹繊維資材を使ってはどうだろう。竹繊維を数ミリの厚さにプレスしてウネ幅にカットし、ロール状に巻いた資材を開発すれば、そこにも新たなビジネスチャンスが生まれるはずだ。

除草剤に比べれば、確かにちょっとだけ余計な手間がかかるのだけれど、しかし、不耕起栽培には、その手間暇を超える素晴らしい効果がある。

土が驚くほど急速に豊かになってくるのだ。

地上部を刈られた雑草は、いったん、根の先を枯らすことで上下のバランスをとり、その後、また根と地上部を成長させるという復活戦略をとる。そのため、繰り返し地上部を刈られた雑草の場合、地上に伸ばすバイオマスの総量も、地下に伸ばす根の総量も、共に各段に増えるのである。アメリカの報告では、バイオマス供給が五倍以上になった例もあるという。

地面の上には、たくさんの緑肥が敷き詰められ、地面の下では、大量の根っ子が枯れたり伸ばしたりを繰り返して土壌を耕してくれるのだ。

しかも、雑草というのは、種類が多い。

雑草の根の形は、森の木と同様に、深く根を張るもの、きめ細かく根を張るもの、浅いところにネットのように根を張って土壌流失を防いでくれるものと、多彩である。

こういう多彩な根があると、畑の土には、浅いところから深いところまで、びっしりと根が張り巡らされることになる。地中から満遍なく吸い上げられてきた栄養素は、緑肥の形で地上に戻されて、さらに土を肥やしていく。

草の根と土壌動物や微生物は共生関係にあるため、草の種類が多いほど、微生物や土壌動物も多様になる。

さらに、人が耕すという攪乱がないために、浅いところには酸素を好む小動物（たとえばミミズ）や微生物が増え、深いところでは酸素を好まない微生物が増えていく。

ちなみに、耕すという行為は、深いところの生き物を浅いところに引っ張り上げ、浅いところの生き物を深いところに埋めるという行為なので、土壌の生き物にとっては、決してありがたいことではないのである。

こうして、土壌中の生物環境は、どんどん多様になっていく。

微生物は、枯れた根を分解して有機肥料にしてくれるだけではなく、土を溶かして微量成分を供給したり、空中の窒素を固定するなど、多彩な方法で土を豊かにしてくれる。

そして、微生物活性が豊かな土壌では、植物の根、特に細根の成長がよくなる。

その理由はまだ分からない。土壌が団粒化した結果だろうとか、微生物が根に与える適度なストレスが効いているのでは、などの仮説が出されている。

　そして、ここが重要なのだけれど、雑草の根だけではなく、肝心の農作物の根も、当然、根張りがよくなるのである。たっぷりと張り巡らされた根は、窒素・リン酸・カリの三要素だけではなく、微生物が溶かしてくれた微量成分も充分に吸収することができる。

　雑草があると、栄養分をそちらに取られるために、作物の成長は悪くなるというのが従来の常識だったわけだけれど、不思議なことに、反対のことが起こる。

　作物は、かえって成長がよくなり、病気や虫にも強くなる。味わいも、しばしば深く豊かになる。

　なぜそんなことが起こるのか。

　最近になって発見された新たな知見が、ひとつのヒントを与えてくれるかもしれない。

　従来の科学では、植物は、土壌中の栄養素を無機物の形でしか吸収できないとされてきた。たとえば窒素分は、硝酸やアンモニアにまで分解されていないと利用できないというのが、常識だったのだ。

　ところが、その常識が、いまやあっけなく崩れつつある。

　植物の根は、アミノ酸や水溶性タンパク質のような、かなり大きな分子でも、充分に吸収できるというのだ。電子顕微鏡でその様子を見ると、植物の細根は、まるで動物が食べ物を飲み込むような感じでアミノ酸をパクリと食べているように見える。

さあ、そうなると、植物体内の物質合成は、けた違いに効率的になる。

おもちゃの「レゴブロック」でロボットをつくる時に、細かなピースをゼロから組み上げるのと、すでに腕、足、頭、胴体に組まれているのを組み合わせるのと、どっちが早いか――みたいなものだ。

アミノ酸の状態で吸収できるなら、それまでアミノ酸合成のために使っていたエネルギーを、まるまる他の物質合成に回すことができるようになる。当然、植物の成長はよくなるし、果実の味わいも深まるだろう。

様々な雑草が地表を覆い、多様な微生物が棲みついている豊かな土壌では、硝酸やアンモニアも、いったん雑草や微生物に吸収され、その体内に蓄えられていく。そして、刈られた雑草が地面に敷かれ、同時に雑草の根が死ぬと、雑草が蓄えていた窒素分が、タンパク質やアミノ酸の形で土壌中に放出され、それがそのまま作物に利用されるというサイクルが生まれるのである。もちろん、雑草の窒素がすべてそのまま作物に使われるわけではない。かなりの部分は、微生物の繁殖に使われるのだけれど、微生物が使った窒素も、彼らが死んだ時に作物に使われる。化学肥料と違って、効果に時間差が生じるのだけれど、その時間差が肥料効果を平準化し、必要な時に、必要な量が常に供給されるという、理想的な栄養環境が生まれるのだ。

除草剤で雑草を軒並み殲滅してしまったり、雑草の根を丁寧に一本一本抜くようなことをすると、この自然なサイクルをぶち壊してしまうことになる。なんと、もったいないことだろう。

ちなみに、畑の雑草と言われる植物たちのほとんどは、野山の野草とは違って、耕しても、カマで刈り取っても、しぶとく生き残るものが多い。

と、こう言うと「野草と雑草は違うのか？」と疑問に思う人がいるかもしれないが、そう、違うのだ。

野草が自然界の生き物であるのに対し、雑草は田畑に特有の生き物である。たとえば、ほとんどの畑の雑草は、刈り取りに耐えるために、ロゼットという地面に伏せるような形の冬葉を持つものが多い。

田んぼの代表的な雑草であるイヌビエの仲間は、お百姓さんが見つけるたびに、一本一本抜いてきた結果、いまでは、稲とまったく見分けがつかないほどそっくりな形になってしまった。ちょっとでも似ていないところがあると抜かれてしまうので、ついには見分けがつかないまでに進化したということだ。

したがって、人間が耕作を放棄すると、田畑には自然の「野草」が侵入し、その勢いに負けた雑草は、あっという間に姿を消していく。雑草というのは、実は、人間に寄り添って生きていくことを選んだ、結構弱い生き物で、自然界では「希少種」だったりするのである。（そう考えると、雑草だって、なんだか可愛らしく感じられてきませんか？）。

しかも、多くの雑草は、大した悪さはしない。

田んぼでは、コナギとヒエの仲間は排除する必要があったのだけれど、畑の場合には、作物の背丈を超えないように刈り込みさえすれば、害より益のほうがはるかに多い。不耕起栽培というのは、「刈り取りに耐える」という雑草の「困った」特性を逆手にとり、長所に変えてしまおうという、逆転の発想なのである。

現在の日本では、真面目な農家さんほど草を一本一本抜きたがり、ただ刈っておくだけの畑を見ると「怠け者め！」なんて言って眉をひそめる傾向があるのだけれど、そういう「美的」観点を克服しさえすれば（案外、それが一番難しいのだけれど）手間のかからない「刈り伏せ」を、農の主流にしていくことも可能なのではないだろうか。

ご先祖様が一生懸命守ってきた、かけがえのない土を未来に残すために、そしてその土をさらに豊かに肥やしていくために、最初は畑の片隅からでもいい、雑草との共生を始めてみませんか。

☆

農薬、化学肥料、除草剤、機械化の四点セットが生まれる以前、農業は、とても大変な仕事だった。

農家のお年寄りは、たいてい背中が曲がっていた。

そんなにまでして頑張っても、害虫の大発生や飢饉《ききん》があれば、壊滅的な被害を受けることも少なくなかった。

有機栽培というと、「その時代に戻れというのか」という、激しい拒否に出会うことが多いのは、当時の大変さが、いまだに、お年寄りたちの体に染みついているからだろう。でも、すでにお分かりのように、ぼくらが広めたいと思っている有機栽培は、そんな農法ではない。

機械の力を借りられるところは、どんどん機械に頼ったらいい。便利な機械がまだ開発されていないなら、それこそビジネスチャンスだ。機械メーカーの皆さんには、ぜひとも、開発の努力を傾けていただきたい。

完熟堆肥を自分でつくるのが面倒なら、メーカーから買えばいい。農薬と除草剤、化学肥料の代金が浮くのだから、堆肥を購入しても、充分にお釣りがくる。農協さんは、農薬や化学肥料の商売が消えるのではないかと恐れるようだけれど、その代わりに完熟堆肥をつくって売ればいいのである。もちろん、農家が自分でつくれば、利益はもっと大きくなる。

かつては、有機肥料の成分バランスが分からなかったため、肥料のやりすぎや少なすぎからくる病気や虫害、収量不足などの問題がしばしば起こっていたようだけれど、いまでは施肥前に土壌分析をすれば、必要な肥料成分をあらかじめ知ることができる。土壌の微生物分析によって、畑の健全さを測ることもできる。そうしたコンサルタント業務は、農協さんにとってもビジネスチャンスになるだろう。

そう。戦前までの有機栽培（というか、農薬も化学肥料もなかった時代の農法）と現在の有機栽培の一番の違いは、いまのぼくらは、科学的に畑の健康診断をし、なんらかの所見があった場合にも、多様な生き物たちの力を借りながら科学的な対策を練ることができるという点なのだ。

そして、この「科学」は、まだまだ発展途上にある。

ということは、さらに新しい知見を得ることで、一層安定した、一層安全で、一層おいしい作物をつくり出す可能性に満ちているということなのだ。

ちょっぴり、わくわくしないだろうか。

兼業農家が拓く未来

さて、ここまでにあげた例は、ぼくが関係している有機栽培の田畑で行われている、「省力化」のほんの一例である。

話の都合上、ぼくは農薬や化学肥料、除草剤に対して批判的な立場を貫いてきた。しかし、歴史を振り返るなら、それは、人類が歴史の階段を登る際に、一度は通らなければならなかった、必要不可欠なステップだったのだろうと思う。

それらを使用した戦後の「省力化」にも、いい面がたくさんあった。

いま、ぼくらが享受している贅沢な食生活など、農薬、化学肥料、除草剤、機械化の四点セットがなければ、とうてい考えられなかっただろうし、日本の農地、特に水田が、ほとんどと言っていいほど利益を生まないにもかかわらず、こんなにも広々と残っているのは、まさにその四点セットによる「省力化」のおかげだったと言っていい。

アメリカ軍による農地解放の結果、一ヘクタール未満の田畑しか持たない兼業農家が大量に発生したのだけれど、そういう兼業農家が、片手間で農地を維持することができたのは、まさに、そうした「省力化」のおかげだったのだ。

最近は、兼業農家の生産性における「非効率性」をあげつらう議論がしばしば声高に語られるのだけれど、もし兼業農家がいなかったら、日本の水田農業など、とうの昔に壊滅していただろう。

彼らこそが、国の宝とも言うべき田んぼの守り神だったのだ。

しかし残念なことに、ここにきて、まさにその兼業農家で、深刻な後継者問題が起きている。マスコミは、収益性の問題だと一刀両断にするが、たぶん、そんなことではない。若い世代にとって、四点セットの農業が、いまや魅力的ではなくなってしまったということが本質なのではないかと、ぼくは思っている。

だって、そうだろう。——子供たちが田畑で遊ぼうとすると怒られるような——いや、そもそも遊ぼうと思っても、カエルもいない、ホタルもいない、ドジョウもいない田んぼでは、遊んだってちっとも面白くない。そんな田んぼを、子供たちが苦労してまで守ろうと思うだろうか。

一方、ぼくらが熊本でお願いしている有機栽培の田んぼでは、九州大学の学生たちが大喜びで調査・研究をやり、田植えや稲刈りでもお祭り騒ぎをしている。地元の小学生も田んぼの生き物調査に参加してカエルやイモリ、トンボのヤゴなどを見つけては歓声を上げている。有機・減農薬ならではの楽しみだ。そういう子供たちは、将来、「この環境を守ろう」と思ってくれる可能性が高いのではないだろうか。

ぼくがいま山仕事をしているのも、子供のころ、山で遊び回っていた楽しい経験があるからだ。幼児体験というのは馬鹿にできないものなのだと思う。

☆

四点セットの農業を継ぐ若者が激減する中で、有機栽培に乗り出す若者は増えている。それは、有機栽培が魅力的だからだ。

もちろん、実数は、統計にも出ないほどわずかなものである。

しかし、そういうわずかな数字から未来を読みとることこそが重要なのではないだろうか。自然を見つめ、自然から学び、型にはまらず、創意工夫の余地がいくらでもあり、そして、できた作物＝作品＝オリジナルな価値を、楽しみにしてくれる消費者や料理人とのつながりも期待できる。有機栽培は、たぶん、この世で最もクリエイティブな仕事のひとつになりうるように思う。

そして、そういう農業――手間のかからない有機栽培――に一番向いているのが、実は兼業農家なのである。

兼業農家の若い世代が、そういう楽しみを見つけて、先祖伝来の田畑を守るようになってくれれば、TPPも、たぶん、そんなに怖くはない。

☆

急いで付け加えておくと、もちろんぼくは、企業やそれに準じる団体による大規模農業を否定しているのではない。すでにご紹介した金澤先生の有機稲作などは、大いに広まってほしい技術だし、欧米では、野菜づくりや養鶏、牧畜などでも、有機の流れが太くなりつつあ

不耕起栽培の春の葡萄園。地面にはびっしりと草が生えている(山梨県・登美の丘ワイナリー)。

る。ぼくが所属しているサントリーという会社でも、大規模なワイン用葡萄園を世界各地で経営しているのだけれど、そこでは、大規模にもかかわらず、減農薬、有機への挑戦が日々たゆむことなく続けられている。ちなみに、そのうちのひとつ、フランスのシャトー・ラグランジュの畑に行くと、ほとんど確実に猛禽の飛翔を目にすることができる。葡萄園に舞い降りて、小鳥やネズミなどを狩りしている様子を見るたびに、ぼくはちょっぴり胸を張りたくなる。

もう一度、言う。

規模の大小にかかわらず、大切なのは、「すべての基盤である土壌」をいかに守り、育てているかという一点に尽きるのだ。土壌が豊かで、生物多様性に満ちているか否か。その農法は持続可能なのか否か。それこそが、鍵なのだと思う。

ぼくらが食べたり飲んだりしている農作物や酒などの飲料が、どんな土から生まれているのか。

持続可能な土なのか、それとも、劣化し続けている土なのか。

一度、そんな目で食卓を見てほしい。

きっと、少しだけ違った風景と、違った未来が見えてくるに違いない。

「限界集落」を「元気集落」にする

いま、日本の山村では、「限界集落」というひどい言い方で貶《おとし》められている村が数多くある。「六五歳以上の高齢者が五〇％以上を占める集落」のことだそうで、こういう集落は、将来に向けての存続が困難だという判断から創造された言葉らしいのだけれど、なんともまあ、乱暴な決めつけではなかろうか。

言葉というのは、いったんつくられると一人歩きを始めてしまう怖ろしさを秘めている。「限界」なんて言われれば、当の本人たちも気力を失うだろうし、村役場もやる気をなくす。

反対に当事者意識のない都会人は、

「どうせ限界なんだったら、そんな村はさっさと捨てて、都会に出てきてもらったほうが、本人のためにもなるんじゃないの」

なんていう、「親切心」に駆られかねない。

現に、政治家の中には、そういう議論を大真面目に戦わせている集団がいるというのだから恐ろしい。

こういう流れの根っ子には、田舎が滅びたら、都会も滅びるかもしれないという重大な危機意識の欠如がある。

どういうことか。

すでに、縷々《るる》説明してきたように、日本の森は、外から見ただけでは分からない、たくさんのリスクを抱えている。これ以上の荒廃と土壌流失が進んでしまうと、都市への水の安定供給が危うくなる。渇水時には、水不足に陥るだろうし、反対に豪雨の際には、土砂災害や洪水が都市域にまで及びかねない。

多くの都会人は、ダムがあるから大丈夫だ、くらいに思っているようだけれど、山が荒れれば、ダムに流れ込む土砂量は半端でなく増えてくる。つまり、ダムの耐用年数が予想外に短くなってしまう可能性が高いということだ。その上、山からの土砂には、大量の栄養塩類が含まれている。そのため、ダム湖ではアオコの大発生が起こり、そうやって汚れてしまった水を浄化するためには、通常以上の高度処理が必要になる。つまり、使える水が少なくなる上に、水道料金も高くなってしまうということだ。

そうしたリスクを低減するためには、山の整備が不可欠なのである。

そして、その山の整備を、「お金にもならないのに」営々として続けてきてくれたのが、他ならぬ「限界集落」の皆さんだったのである。

集落がなくなれば、山の整備は不可能になる。そうなったら、山の危機は、そのまま都会の危機に直結してしまう。

「限界」だなんて、無責任なことを言っている場合ではないのである。

だったら、どうすればいいのか。

☆

山に若者を呼び寄せるのである。

そして、山のお爺ちゃん、お婆ちゃんに鍛えてもらう。

山のお爺ちゃん、お婆ちゃんは、限界どころか、とんでもなく元気な人たちが多い。山の調査で、調査地を案内してもらうような時でも、七〇歳をとうに超えているようなお爺ちゃんが、急な坂道を、ひょいひょいと登っていき、五〇代のぼくがその後をひいひい言いながらついていく、なんてことが普通にある。ちなみに、ぼくの後からブヒーブヒーと豚のような荒い呼吸でついてくるのが二〇代の若者だったりする。

お婆ちゃんに畑仕事を指導していただくと、若者が二〇分で音《ね》を上げるようなつらい作業を、息も切らさずに平然とやって見せてくれる。

六五歳以上は限界だなんて、とんでもない。

この元気の秘密を、大都会で、生きる意味を見失いそうになっている無気力な若者たちに分けてもらわない手はないではないか。

「若者を呼び寄せるなんて、そんな夢みたいなことができるか！」

なんて「常識論」を言うのは、もうやめよう。未来というのは、いつだって「夢みたい」なことから始まるのだ。

☆

ちなみに、二〇～三〇年後の東京は、計算上は、「限界都市」になっている可能性が高い。現に、東京都の出生率（ひとりの女性が一生に産む子供の数）は、二〇一三年で一・一三と全国で一番低い。そもそも、東京の若者人口が多かったのは、田舎からの流入があったからだ。その田舎が枯れてしまえば、若者の流入も止まる。根が枯れたら幹が枯れるのと同じ理屈である。

さらにその先には、日本全体が「限界国家」になっているだろう。

対策として、いまから赤ちゃんを増やそうなんてことを考えても、増え始めた赤ちゃんが大人になるのは、ずっと先になるので、まったく解決にはならない。

第一、そんなことをしたら、すでに少なくなっている若者世代は、夫婦二人で子供三人以上だけではなく、年老いた親二、四人の面倒も見なければならない計算になる（直接面倒を見なくても、年金という形で面倒を見させられることになる）。そんな可哀そうなことをさせるわけにはいかない。ま、ぼくらの世代が、さっさとあの世に引っ越してしまえばいいだけのことかもしれないけれど。

というわけで、いまの田舎は、実は日本の未来を先取りしている「先進地帯」だと考えたほうがいいのだ。

つまり、いま、田舎で問題が解決できないならば、二〇年後の都会の問題も、たぶん解決できないということだ。しかも、未来の都会の条件は、現在の田舎よりもさらに悪い。都会の老人には、どう見ても、田舎のお爺ちゃん、お婆ちゃんのような、体力も気力もなさそうだからだ。

☆

その際に大切なのは、人口が減っていく中で、どのような経済、どのようなインフラを整備していったらいいのか、という発想の転換である。

近代化以降、ぼくらは、「無限に発展していく社会」という前提のもとに、社会基盤を構築してきた。交通も、電気も、水道も、ダムも、金融も、社会保障も……すべてが高度成長を前提につくられてきたものだ。

だからこそ、いま社会が小さくなり始めると、ありとあらゆる場所で不協和音が鳴り響くのだ。

つまりぼくらは、縮小していく社会にどう対応していけばいいのかという、思想も技術も持ち合わせていないということだ。

何度も言うようだが、この縮小は、地球という生態系を持続可能なものにするためには、必然の流れである。世界中の人口が減少に向かわない限り、地球の未来は相当に危うくなるからだ。

それにしても、なぜ先進国の人々は（日本政府や財界人も含めて）人口減少に危機意識しか持たないのだろうか。

普通に考えれば、人口が少なくなるということは、地球上の限られた資源を、いまよりも少ない人数で分かち合うことになるわけだから、悲観的に考える必要などまったくないのである。

まったくないはずなのに、こんなにも皆があわてふためくのは、いったいなぜなのだろう。

要は、現状の社会システムが、新しい時代に対応するためには、古すぎて使い物にならないというだけのことなのではないか。

そして、新たな社会システムの実験をするためには、限界集落ほど向いている現場はないのである。

まずは、田舎から始め、そこで成功例をつくって、都会に広げていこうという発想である。

時代は若者から変わり始めている

幸いにして、ここでも、格好の成功例が生まれつつある。

山梨県の小菅《こすげ》村には、東京農業大学が中心となって設立した「多摩川源流大学」があり、農大などの学生たちが村に滞在して、農作業の指導を受けたり、山仕事を教わったり、古老たちに田舎ならではの知恵を教わったりしている。また、総務省の「地域おこし協力隊」の制度を利用して、都会の若者たちが、一年から三年の期間限定でやってきて、農業支援や森の調査などに携わっている。

そういう若者たちにインタビューすると、意外な感想を聞けるのだ。

従来だったら「わずらわしい」イメージがあった田舎の人間関係を、いまの若者たちは「あったかい」と受け取っており、なんでもかんでも自分でやらなければならないお爺ちゃん、お婆ちゃんを見て「なんでもできる。カッコいい」と感じているようなのだ。

この「なんでもできるのが、カッコいい」という点にこそ、実は、鍵があるのではないかと、ぼくは思っている。

近代社会は、分業化・専業化を推し進めることで進化してきた。一から十まで一人でやってしまうようなゼネラリストを排除し、ひとつのことを徹底的に突き詰めるスペシャリストを養成する。分業と流れ作業こそが効率を生むという発想である。その同じ発想から、社会システムも「縦割り」に組み上げられてきた。高度成長は、まさにその「縦割り」と「分業」のシステムによって達成されたのだと言っていい。

農業や林業で生態系の多様さを排除し、単一品種の大規模栽培を推し進めてきたのもまったく同じ発想から生まれたものだったと言っていいだろう。

そして、その発想こそが、縮小に向かう社会では、最大の障害になってしまうのだ。

市場が縮小し始めれば、中途半端な専門家は必要なくなる。ひとつひとつの業種のパイも小さくなるので、専門性の低い人間なり企業なりから切り捨てられていくことになる。そのことへの恐怖が、つまりは縮小社会への恐怖を生んでいるのではなかろうか。

学生たちの、

「なんでもできてカッコいい」

という感想は、そうした過去のシステムと、そこから生じている恐怖への、見事なアンチテーゼのように思われる。

専業ではなく、兼業――そこにこそ、未来を拓くキーワードがあるように思う（そういえば、田んぼの項でも同じことを言ってたね、ぼくは。バカのひとつ覚えじゃないといいのだけれど……）。

都会からやってきた若者が、田舎で専業を見つけることは、とても難しい。しかし、旅館に勤めながら農業をやったり、川漁師をしながらネイチャーガイドをしたり、ソバ畑をやりながら道の駅でソバ屋を開業したり、あるいは林業の傍らで家具づくりをしたり……という「兼業」ならば、はるかに広い道が開ける。

パソコンとインターネットでできる仕事を持っていれば、理想的だ。なにも、都会で仕事をする必要はない。作家やイラストレーター、作曲家や工芸家など、都会に常時いる必要のない職業の方々には、ぜひとも田舎に目を向けていただきたい。

☆

そうそう、家具職人といえば、最近、山の様々な木の個性を生かして物づくりをする職人さんたちが、現れ始めている。

山の木は、種類によって、色合いも木目もまったく違う。箱根細工という伝統工芸は、そうした木々の色合いを様々に組み合わせた「寄せ木」の技法で作られたものだが、最近の潮流は、そうした「寄せ木」とは別の発想で「木の個性」を生かした家具である。

たとえば「引出しの鏡板がすべて別々の木でできているタンス」「天板がたくさんの木の集成材でできているテーブル」などである。実際に見てみると分かるのだけれど、色彩の変化がリズム感に富んでいて、実に心楽しくなる。

一種類だけの木から家具をつくろうとすると、ひとつの村の山では、すぐにいい木がなくなってしまう恐れがあるのだけれど、こういう発想ならば、山全部が宝の山に生まれ変わることができる。樹種が違えば、湿度による収縮とかも異なるだろうから、歪みなどのトラブルが起こるのではないかという専門家の心配もあるのだけれど、充分に乾燥した材を使えば問題がないことは、まさに箱根細工が証明しているところである。これもまた、コロンブスの卵のひとつだと言っていいだろう。

山には、本当に多様な宝物が隠されている。つまりは、多様な職業を受け入れるベースがあるということだ。

☆

さて、そうやって若者に教えているお爺ちゃん、お婆ちゃんたちのほうも、実は、若者から元気をもらっているのだという。

若者たちに「当たり前のこと」を教えているだけなのに、若者たちが素直に感動してくれたり、尊敬を露わにしてくれる体験は、生きる喜びにつながるというのだ。

現役として働き続ける意欲が出てくるのである。

人間、元気に働けるうちは、働いているほうが幸せだし、その仕事が、「誰かの役に立っている」という実感が持てるならば、もっと幸せだろう。

そう、そこでは、お年寄りたちは、憐れむべき弱者ではなく、尊敬すべき先達なのだ。「六五歳を過ぎたら自立できないはず」等という上から目線の思い込みが、判断を誤らせるのである。

☆

もちろん、田舎での収入は、都会とは比べ物にならないくらい少ない。

しかし、田舎暮らしには、お金では手に入らないものがいっぱいある。無人になってしまった空家が、水道・電気のインフラつきで、ほとんどタダ同然で提供される可能性が高い。新鮮な野菜も、農家をお手伝いすればお礼にもらえる可能性が高い。

お爺ちゃん、お婆ちゃんの畑の作物は、どうしても余るのだ。職業農家としては、すでに引退していても、畑というものは、一定以上の面積を使い続けないと、うまくいかないものだからだ。輪作体系を守って、数種類の野菜を順々に場所を移しながら栽培するためには、どうしても、それなりの面積が必要となるのである。

そういう畑で、仕事を教わりながら手伝っていると、自分たちが食べる分くらいは、「いるだけ、持ってきな」という風になることが多いのである。

燃料も、山から薪を取ってくれば、タダである。薪のために木を切ることは、そのまま山の整備になるので、山の所有者も歓迎してくれる。

海辺の村ならば、魚を釣ることもできるし、貝や海藻を拾うこともできる。日本の自然は、食べ物に満ちているのである。

☆

こういう流れの中で、村に定住することを選ぶ若者も、数少なくではあるけれど現れ始めている。

そんなのは、ほんの一部の例外だろうと言うかもしれないけれど、ほんの一部を新たな時代の先駆けと見るか、ただの例外と見るかで、未来は大きく変わる。

様々な職業の移住者たちが、本業の傍らで、お年寄りたちと一緒に農地や森を守るような世界が訪れたら、それこそ、九州大学のアンケートにあった「トトロ的な世界」の具現化だと言っていいだろう。

林業にも新たな流れが

もうひとつ。

林業にも、新たな流れが生まれつつある。

杉・ヒノキの人工林だけではなく、広葉樹の森にも目を向ける若手が現れ始めているのである。

東京都檜原村の東京チェンソーズなども、その好例だ。

社長の青木亮輔さんは東京農大出身のイケメンだし、まだ新人と言っていい大塚潤子さんは、なんと東大農学部出だ。かれらには、「サントリー天然水の森 奥多摩」などで、水源の森の整備活動をお願いしているのだけれど、通常の林業とはちょっと違う、環境林整備のかなり特殊な整備方針をいち早く飲み込んでくれ、実に生き生きと仕事をしてくれている。見ていて気持ちがいい。

東京チェンソーズだけではない。ぼくが「天然水の森」でお願いしている全国の林業会社や森林組合には、おしなべていい若手が育ち始めている。

森仕事は、山を単なる木材生産の場と見るか、豊かな森林生態系と見るかで、面白味もやりがいも、そして誇りも大きく変わってくる。

それは、田んぼを単なる「米工場」と見るかどうか、という問題と同じだろう。

田んぼを有機栽培に変えても、米の生産が続けられるように、山で多様性を取り戻すことも木材生産とは矛盾しない。いや、長い目で見れば、杉・ヒノキだけが植わっている森よりも、条件が悪い場所はさっさと混交化して、将来的には杉・ヒノキの巨木とヤマザクラやミズナラ、ケヤキ、トチ、ミズメなどの有用広葉樹が交じり合っている森に育てていくほうが、経済性が高くなるかもしれない。

その上、混交林には、キノコや山菜、山の果実などの副産物も豊かに実る。

今後は、山全体を科学的な目で調査し、販売してお金になる杉・ヒノキ林として維持する区画と、混交化する区画、生き物たちのための多様性区画などにゾーニングできる人材がますます求められてくるだろう。

ここでも、キーワードは「単一・大規模」から、「多様性」への転換である。

☆

限界集落（やっぱりヤな言葉だ）を再生しようとする時、もうひとつ立ちふさがる大きな障害が、生態系ピラミッドのところでも触れた「増えすぎた鹿」問題である。

都会では、あいかわらず「あんなに可愛らしい鹿を減らすなんて可哀そうじゃない」という声が多いのだけれど、そして、ぼくだって鹿はとっても可愛らしいと思っているのだけれど、でもその可愛らしい鹿が、もっと可愛らしいウサギやコマドリを絶滅に追い込み、美しい高山植物も喰い尽くし、植えた苗木を喰うことで林業家の意欲をくじき、畑の作物を食い荒らして「限界集落」をさらに「限界」に追い落とし、最終的には山を崩して、都会人の生活も脅かしつつあるのだ。

しかし、いざ実際に鹿を減らそうと思うと、事態はまったく前に進まない。なにしろ、肝心の猟師さんが、日本では絶滅危惧種なのだから。

そういうわけで、二〇一四年。

環境省が、ようやく重い腰を上げ、法律を作り変えた。

従来の鹿「保護」政策を、鹿「管理」政策に書き直し、この分野に企業の参画も許すことにしたのである。

さっそく、大手の警備会社などが手を上げ、参画に動き始めたのだけれど、いざ現実に動き始めようとすると、地元猟友会との調整など、極めて面倒なやり取りが必要で、なかなか前には進まない。

それは、そうだろうと思う。都会の会社がいきなりやってきて「あんたらの縄張りで猟をさせてくれ」なんて言い出したら、警戒したくなるのも人情というものだ。

そんなこんなを考えると、やっぱり「地元に近い」林業会社に、この新たな流れに乗ってもらうのが、一番の早道のような気がし始めている。

ここでもキーワードは「兼業」だ。森林組合なり林業会社なりに「業」として鹿管理に参加してもらうのだ。若い社員に罠猟の資格を取ることを奨励し、林業の片手間で、罠の仕掛けと見回りをしてもらおうというアイディアである。

木を守り育てるだけではなく、「トータルに森全体を守る林業家」というコンセプトだ。

「業」にするためには、当然、補助金だけに頼るのではなく、獲った肉や毛皮は販売し、収入にかえていく必要がある。そういう意味でも、個人の猟師さんより企業や組合のほうがシステムをつくりやすいだろう。

できれば、全国の林業会社をネットワーク化していきたい。そうして、ソーセージ業界やペットフード業界、毛皮業界、肥料業界とのパイプをつくり、モモ肉などの上級品は地元の旅館やレストラン、あるいはインターネットなどで販売していく。ソーセージなどに加工する際には、鹿肉は脂が足りないので、健康的な馬の脂を混ぜたほうがおいしくなる。「馬鹿ソーセージ」という名前で売ってはどうか（笑）。それ以外の肉と内臓は、ペットフードにし（愛犬に、天然の狩猟肉を！）、毛皮はもちろん毛皮屋さんに売り、骨は骨粉として高級リン酸肥料に利用する。オスの立派な角は、たぶんみやげもの屋さんでも売れるだろう。

こんな風に鹿をまるごと商品にすれば、林業家の副業としても、成功しそうな気がする。

☆

全国の中山間地に、それぞれの地域ならではの伝統野菜が蘇り、そこに季節感あふれる山菜やキノコが彩りをそえ、さらには新鮮な鹿肉やイノシシ肉という素材が加わる。そういう食材の魅力にひかれて、若い料理人がやってきてお店を開き、その料理を愉しみにする旅人が増えていく――そんな流れができてくれれば、理想的だ。

☆

限界集落問題を語る時、もうひとつ重要なのは、医療・教育といった社会インフラをどう維持していくかである。

ここでも「兼業」がキーワードになる。たとえば医療関係者にしても、田舎で最も求められているのは、専門医ではなく、どんな病気でもとりあえず診ることができる、いわゆる「町医者」なのだ。テレビドラマの「ドクター・コトー」のようなスーパードクターがいれば、もちろん言うことはないけれど、そこまでの贅沢は言わない。最近、町の老人ホームでも、何か所かを掛け持ちして巡回する医者たちのネットワークができつつあるけれど、そんなのも、たぶん参考になるだろうと思う。

学校教育も、全教科をそれなりに教えられる先生が育ってくれれば、田舎の未来は明るくなる。資格制度とか、教育システムなど、いろいろと対応しなければならないテーマは出てくるだろうけれど、それこそが政治の役割ではないだろうか。

☆

できることは、まだまだたくさんある。

「ちょっと前には、限界集落なんてことを言う学者がいてねえ……」

近い将来、囲炉裏を囲んでそんな笑い話が語られる日がくることを願っている。

都市農地の可能性

では、人口縮小時代の都市は、どうあるべきなのだろうか。

田舎で兼業が可能なのは、そこに農地があり、森があり、エネルギー（バイオマスや水力）がある、という風に、土地が持つ潜在力が極めて高いからに他ならない。

それに比べると、都市には潜在力というようなものは、ほとんどない。あるものはすべて使い切ってしまい、ないものを外部から運び込むことで贅沢をしているというのが、都市の実態である。

したがって、今後東京が「兼業化」によって救われることはまずないと言っていいだろう。

しかし、地方の都市は違う。すでに過疎化が始まっている地方都市では、土地が余り始めている。そこにチャンスがあるのだ。

余った土地を、とりあえず農地に戻していってはどうだろう。

なんだ、また農業かい、と思うかもしれないけれど、世界の農地における土壌の流失と劣化、灌漑用水の枯渇を考えると、いつ地球全体を巻き込む壊滅的な食料危機が起こっても不思議はない。それは、一〇年後かもしれないし、明日なのかもしれない。

幸い、ここにも、いいお手本がある。ドイツのクラインガルテン（小さな庭）だ。都市郊外に、一家族一〇〇坪くらいの農場を貸し出していて、家庭菜園というには、立派すぎるくらいの農場を多くの市民が楽しみながら世話している。ドイツの食料自給率向上に大きく貢献しているというから、家庭菜園だって、馬鹿にはならないのである。土地余りが始まっている地方都市ならば、この規模の農園を用意することも不可能ではないだろう。（温暖で水にも恵まれている日本の場合には、もう少し小さく、二〇〜三〇坪程度でも充分かもしれない）。

☆

戦中・戦後を知らない若い世代の中には、「食料なんか、お金さえあれば手に入るのだから、土地も人件費も高い日本で、農業なんかやる必要はない」なんて能天気なことを言う人たちが増えているけれど、戦中・戦後を経験したわれわれの親の世代は、「絹の着物を持っていって、玄関先で頭を地面にこすりつけて、それでも分けてもらえたのは籠《かご》一杯のサツマイモだけだった」なんて経験を、いやというほどに味わわされて生きてきたのだ。

食い物が少なくなれば、金も贅沢品も、なんの役にも立たない。

そういう時代がまたやってきた時に、いままで通りの充実した生活を続けられるのは、限界集落に住むお爺ちゃん、お婆ちゃんと、いち早く限界集落に移り住んだ若者たちだけ、なんてことになりかねない。

☆

そんな悪夢を見たくないからこその、都市農地である。

都市農地では、もちろん、手間のかからない有機栽培を行う。肥料は、住民の家庭から出る食品残渣を発酵させた堆肥だけで充分すぎるほどに足りるだろう。生ゴミの収集と堆肥化を行政が担えば、役人にもやりがいのある仕事ができるだろう。耕さない畑、水管理だけで除草の必要のない田んぼなら、様々な職業との兼業で充分に維持できる。

定年後の帰農なんてケチなことは言わず、若いうちから兼業農家になっていったらいい。

政府も、一定の面積以上でなければ農地とは認めないとか、農地を取得するには、一定以上の農業経験がなければならないとか、そういう「専業時代」の遺物のような法律はさっさと改正し、家一戸分の土地でも農地として認め、固定資産税もすみやかに農地なみに下げたらいい。

つくるものは、なにも米や野菜ばかりである必要はない。

花を植える人がいてもいいし、果樹を植える人がいてもいい。ミツバチを飼ったっていいし、金魚やウナギの養殖をしてもいい。ニワトリやウズラ、カモなんかを飼うという手もあるかもしれない。

そういえば、ヤギを飼って、近所の校庭や道路脇の除草業を始めた人の話を聞いたことがある。ヤギを連れていって杭につないでおけば、引き綱が届く範囲の草はきれいに喰い尽くしてくれる。喰い尽くしたら、まだ草が残っているところにつなぎ直せばいい。なんの手間もかからず、餌代もほとんどいらない。学校ではヤギが人気者になり、子供たちの情操教育にも役立っているという。ミルクからチーズをつくれば、ちょっと癖はあるけど、赤ワインと合わせると絶妙の相性をみせてくれる絶品をつくることも可能だ。

☆

ここでも、選択肢は多様なほうがいいのだ。多様性こそが、時代や環境の変化に対する、最良のバランス装置なのだから。

大切なのは、空地というのは潜在的な宝なのだという――単純な事実に気づくことなのである。

☆

さて、都市に農地をつくることは、水問題からも合理的である。

すべての産業の中で、最も多くの水を使うのが、実は農業である。ところが、日本の土地利用では、大河川の上流部から中流部に農地があり、下流部に大都市があるという配置が多い。つまり、限りある河川水のかなりの部分を農業で使ってしまい、このおこぼれを浄化して都市住民が生活用水として使用し、さらに使用後の水を大金をかけてきれいに浄化して、再利用するのではなく、川や海にそのまま捨ててしまうという極めて不合理な水利用をしているのだ。

つまりこのままでは、食料自給率を上げようとしたとたんに都市の生活用水が足りなくなるというような、困った事態が起こりかねないのである。

一方、都市農業に、浄化処理をした生活排水を使えば、水問題はかなりいい方向に向かうはずだ。

「下水処理水で農業？」

なんて、顔をしかめてはいけない。現在の水質浄化技術は、かつてとは比べ物にならないくらい進んでいる。現に大阪の人間は、京都の下水処理水を放流された淀川の水を再処理して飲んでいるのだ。にもかかわらず、いまや世界に冠たるレベルに達した浄水技術のおかげで「京都の水よりもおいしい」と言う人も多い。

ましてや農業用水である。きちんと処理された生活排水ならば、なんの問題もないはずだ。

東京はどうすればいいのか

さて、最後に残された問題が東京である。

こんなことを言うと、きっと怒られるだろうけれど、国家百年の計を考えるなら、東京は解体したほうがいいと、ぼくは（あくまで個人的に）思っている。

東京こそが、専業化と縦割りの象徴である。そこでは、あらゆるインフラ、あらゆる経済が、高度成長を前提として組み上げられてしまっている。

したがって、縮小均衡が求められるこれからの時代に適応することは、たぶん不可能なのだ。その上、東京の土地の多くは、ゼロメートル地帯だったり、それに近い洪水危険エリアにある。地震による津波、豪雨による大河川の決壊といった、今後ますます発生リスクが高まるだろう自然災害に対して、ほとんど無防備だと言っていい。

しかも、上下水道や高速道路などの主要インフラは経年劣化で大規模な補修を必要とする寸前まできている。

スーパー堤防やインフラの大規模補修の費用を考えたら、このまま東京を維持するほうがいいのか、それとも、新しい時代に合わせて、首都機能を分散させていくほうがいいのかは、そろそろ真剣に考えていいテーマになってきているように思う。

☆

首都機能の分散移転ともなれば、解決しなければならない問題は山のように出てくるだろう。

移転先には、多くの企業や人がついていくだろうけれど、その移転に取り残された人々の生活をどう支えるのか。首都を移転するということは、東京に空前絶後の過疎化が訪れるということだ。そういう中で、残された人々のためのコンパクトなインフラ整備は、どうあるべきなのか。交通も、電気も、水道も、すべてをコンパクトに、かつ低予算でつくり直さなければならないが、そんなことが、はたして可能なのか。

スーパー堤防などのインフラで守ることができなくなったゼロメートル地帯の人々に、どこに、どうやって移住してもらうのか。その受け皿となるような街づくりは、どうしたら可能なのか。

それらの問題に答えを見いだすには、残念ながら、ぼくの能力はあまりに小さすぎる。

というか、そんなことは、東京の人たちにしてみれば余計なお世話だろう。

「限界集落の住民は、さっさと集落を畳んで町に出てきたほうがいい」

なんていう政治家の押し付けが、「大きなお世話だ」というのと同じことだ。

ついつい、余計なことを言いそうになった。

ただ、一言だけ付け加えさせていただくなら、すでに東京郊外で始まっている過疎化による空地。あれは、できれば農地に戻して、兼業農業や家庭菜園として有効利用していきませんかね。そういう小さな一歩から、いまとは違う、新しい時代の幸せの形が見えてくるのかもしれないから。

☆

ということで、最後に、さらに身近なところで生物多様性を取り戻すためになにができるかについて、本当に小さなアイディアをいくつか提示して、この本を終わりにしようと思う。

雑草の庭づくり

さて、雑草の根が、土を耕すのにとても有効だということは、有機栽培の項で詳しく述べたが、ぼくは、できれば都会の公園や学校の校庭、自宅の庭でも「雑草の根を抜かない」という運動を始めたいと思っている。

都会には土壌がない。地表に土が残されている空間が驚くほど少ない。公園には土があるように見えるかもしれないけれど、あの土は、人間に踏みかためられてしまって、水がほとんど浸み込まない。

いま、ぼくがイメージしているのは、「都会の水循環」と「生物多様性」というテーマである。

たとえば東京の井の頭公園とか善福寺公園の池は、かつては地下水がコンコンと湧き出す湧水池だった。それがいまでは、一滴の水も湧き出さず、井戸で地下水を汲み上げて水量を確保している哀れな人工池に成り下がってしまった。

原因は、地下水の汲み上げすぎと、市街地の地表をコンクリートとアスファルトで覆い尽くして、雨水を浸み込めなくしまったからだと言われている。

しかし、一〇年ほど前の二〇〇四年。歴史的な大雨の後で井の頭池に湧き水が復活し、緑に濁った水が一時的ではあれ底まで澄んだという「事件」があったのである。

水が澄んでみると、池の底には、自転車やらスクーターやらの粗大ゴミが無数に捨てられており、周辺住民にショックを与えた。

この時から、武蔵野市が中心になり、「よみがえれ!! 井の頭池!」という運動が始まったのだ。

池を掻《か》い掘《ぼ》りしてゴミの撤去を行うと同時に、湧き水復活のために市民の力を結集しようという呼びかけが行われた。

いまのように、市街地の地表がすべて覆われてしまっているような状況でさえ、今回のような大雨が降れば、地下水位が上がることが実証されたのだ。だとすれば、多少の努力で、地下水の涵養力を高めることができるなら、井の頭池に湧き水を復活させることも不可能ではないのではないか。

こうして学校や民家の庭に、雨水を地下へ浸透させる小規模な「マス」を設置する補助金制度が立ちあげられた。

ある意味、画期的なことだったと言っていいだろう。

☆

ただし、この運動には、実は二つの目的があった。

ひとつは、もちろん、井の頭池の湧き水を復活させることだ。

しかし、そのスローガンの裏には、下水道への負荷を低減しようという目論見もあったのである。

都会の下水道は、すでに述べたように、生活排水と雨水が一緒に流れるようになっているところが多い。そのため、大雨の際には、しばしば下水処理施設の能力を超えてしまい、汚い水がそのまま川に放流されてしまうのだ。周辺の住民は、あまりの臭さに、文字通り閉口(閉鼻?)することになる。

だったら、下水道に入る雨水の量を減らすしかないじゃないか、というのが、いま言った武蔵野市による「雨水浸透マス作戦」なのである。

この作戦には、間違いなく効果が期待されるのだけれど、ただし、屋根と庭に降った雨のすべてを小さな浸透マスで浸み込ませてしまおうというのは、いささか無理がある。

☆

そこで、われわれが提案したいのが、浸透マスにプラスする「雑草の根を抜かない作戦」なのである。

この作戦のいいところは、雨水の浸透だけではなく、生き物の多様性復活にも、かなりの効果が期待できそうな点である。

庭や公園に、雑草を主役とした小さな生態系ピラミッドをつくるのだ。もちろん、生やすのは雑草だけでなくてもいい。背が低く管理された雑草の間から、きれいな花が頭を伸ばして咲いていてもいいし、小鳥たちが好む実の生る木が生えていてもいい。要は、いまある庭の雑草を抜くのをやめ、定期的に刈り払う方式に切り替えよう、という運動である。

簡単極まりない。

ハードルは、たぶん心の中にしかない。

雑草のある風景は汚い、という思い込みだ。

しかし、それは本当なのだろうか。日本の古典の中には、雑草が生い茂る庭に、そこはかとない風情を感じるというような名文が、いたるところに見つかる。たぶん、日本人は、もともと、そんなに雑草嫌いではないような気がする。

残念ながら、いまの日本人は、そういう感性を忘れてしまったように見える。

さらには、雑草を根から抜いてない庭を見ると「手入れが悪い」とか「怠け者だ」などと低く見る傾向がある。

なにしろ「勤勉」が大好きな国民なのだ。

ぼくの自宅の庭や畑でも、ちょっと油断すると、カミさんが雑草を根こそぎ抜いちゃったりする。

カミさんのコントロールも利かないのだから、この運動の未来は決して明るくはないのだけれど……でもね、理屈の正しさだけは、分かっていただけるんじゃないでしょうか。

地面が草の根で充分に耕され、ミミズなどの小動物が棲むようになれば、水の浸透能力は格段に高まってくる。

どれだけの雨水を浸み込ませることができるかは、地下の地質によるので一概には言えないけれど、踏みかためられた公園の土への浸透がほぼゼロで、あっという間に水たまりができるのに対して、きちんと雑草を生やした地面なら、かなりの大雨でも水たまりを防ぐことができる。

これは、たとえば公園利用者に対する、大きなアピールポイントになるはずだ。

学校の校庭も、一面に雑草で覆ってやれば、水たまりができなくなるだけでなく、風の日の砂ぼこりも防ぐことができる。

校庭で、雑草観察の勉強会を開くこともできる。

踏みかためた裸地や芝生から、雑草の地面に切り替えていくだけでいいのだ。もちろん、芝生を剝ぐ必要なんかない。自然に入ってきた雑草を芝生と一緒に刈ればいいだけのことだ。そういう公園や校庭を情報発信基地にして、個人の庭にまで「雑草文化」を広げていこうという作戦である。

近所の池の湧き水がいつの間にか復活し、抹茶のように濁った水が美しく澄むようなことがあれば、それこそ、めっけものだろう。

窓辺のバードウォッチング

ついでに、庭に植える木も、小鳥やチョウチョたちが集まるような樹種に切り替えてくれれば、申し分がない。

都会にだって、小さな生態系ピラミッドの集合としての大きなピラミッドをつくり上げることは不可能ではない。

庭に訪れる小鳥たちや虫たちは、そういう大きなピラミッドからの使者である。

ぼくが理事の末席を汚している（公）日本鳥類保護連盟では、窓辺のバードウォッチングを提案している。

バードウォッチングというと、野山や水辺に行かないとできないんじゃないか、なんて大袈裟に考える人が多いのだけれど、庭に実の生る木を数本植えておくだけで、花の季節には蜜を求めてメジロやヒヨドリがやってくるし、実の季節にはシジュウカラやジョウビタキなんかもやってくる。

ちなみに、いま原稿を書いているぼくの家の庭では、ナンテンの茂みにキセキレイが巣をつくって子育てに励んでいる。目の前の河原に降りては餌をとり、ヒナのために運んでくる様子が、窓辺から逐一観察できる。とても、可愛らしい。

餌が不足しがちな冬季に限って、庭に餌台をつくってやるのもいいだろう。大きいペットショップなら、鳥類保護連盟監修の「野鳥の餌」を売っているし、餌台も、連盟監修のものがある（詳しくは日本鳥類保護連盟のホームページまで）。

そんな庭が、ご近所に増えてくれれば、町の雰囲気もガラリと変わってくるだろう。

あとがきに代えて
地球は、人類のためには、すでに小さくなりすぎたのかもしれない――

さて、これまでぼくは、身近なところでなにができるかについて、大きいテーマから小さいテーマまでを、思いつくままに語ってきた。その中で、たくさんの希望の卵、夢の先駆けにも触れてきたつもりである。

地球全体の環境危機に対しても、「千里の道も一歩から」の思いである。

しかし、である。

それにしても、地球の未来は、本当に大丈夫なのだろうか。

☆

生態系ピラミッドは、すべての命の基盤が「土壌」であることを教えてくれている。

人類圏の生態系ピラミッドも、土壌の上に構築されてきたものだ。

だからこそ、その土壌を失った時に、過去の文明は滅びたのである。

そしていま、地球上の土壌は、すでに極限まで劣化が進んでしまったように見える。

地球のピラミッドは、はたして再生可能なのだろうか。

☆

西洋文明は、

「今日よりも明日、明日よりも明後日のほうが、幸せであるべきだ」

という「進歩信仰」と共に世界中に広まった。

真面目に努力さえすれば、いま以上に素晴らしい未来を必ず手に入れられるという、この「信仰」には実に説得力があった。

しかし、である。

いま考えると、この信仰は、もしかして一種の麻薬だったのではないだろうか。

麻薬だからこそ、一度でもそれに触れた民族は、その魅力に抗しがたいし、抜け出すのが難しくなってしまう。

冷静になって考えれば、この信仰を維持し続けるためには、地球は無限に大きくなければならない。しかし、そんな当たり前なことにも気づかないほどに、この信仰は、ぼくらの中に深く染みついてしまっているのである。

☆

そろそろ、ぼくらは「進歩信仰」を捨て、「持続可能」な文化に回帰すべき時のように思う。

それは、幸福を捨てろ、という意味ではない。

生態系ピラミッドが教えてくれる明るい未来を、みんなで楽しく再構築しようではないかという、ささやかな提案である。

なお、九州大学の金澤晋二郎先生、サントリーホールディングス（株）の鳥井信吾副会長、同じく濱岡智コーポレートコミュニケーション本部長には、執筆途中の原稿にお目通しいただき、大変有意義なご示唆をいただいた。また若い友人の土屋絵里子さんには、美しい生態系ピラミッドのイラストを描いていただいた。この場を借りてお礼を申し上げたい。

参考文献

『水を守りに、森へ』筑摩選書 山田健著 二〇一二年

『水の日本地図』東京大学総括プロジェクト機構「水の知」(サントリー)総括寄付講座編 朝日新聞出版 二〇一二年

『水の世界地図 第2版』マギー・ブラック他著 沖大幹監訳 丸善 二〇一〇年

『土の文明史』デイビッド・モントゴメリー著 片岡夏実訳 築地書館 二〇一〇年

『土壌学概論』犬伏和之・安西徹郎編 朝倉書店 二〇〇一年

『食糧の帝国』エヴァン・D・G・フレイザー他著 藤井美佐子訳 太田出版 二〇一三年

『地球に残された時間』レスター・R・ブラウン著 枝廣淳子他訳 ダイヤモンド社 二〇一二年

『エコ・エコノミー』レスター・R・ブラウン著 福岡克也監訳 家の光協会 二〇〇二年

『森林の荒廃と文明の盛衰』安田喜憲著 思索社 一九八八年

『緑のダム』蔵治光一郎他編 築地書館 二〇〇四年

『水の革命』イアン・カルダー著 蔵治光一郎・林裕美子監訳 築地書館 二〇〇八年

『森と水のサイエンス』日本林業技術協会企画 東京書籍 一九八九年

『水の自然誌』E・C・ピルー著 古草秀子訳 河出書房新社 二〇〇一年

『最新　樹木根系図説』苅住曻著 誠文堂新光社 二〇一〇年

『カビ・キノコが語る地球の歴史』小川真著 築地書館 二〇一三年

『多種共存の森』清和研二著 築地書館 二〇一三年

『イタヤカエデはなぜ自ら幹を枯らすのか』渡辺一夫著 築地書館 二〇〇九年

『照葉樹林』服部保著 神戸群落生態研究会 二〇一四年

『日本人はどのように森をつくってきたのか』コンラッド・タットマン著 熊崎実訳 築地書館 一九九八年

『生物多様性緑化ハンドブック』亀山章監修 地人書館 二〇〇六年

『自然再生』鷲谷いづみ著 中公新書 二〇〇四年

『森林保護から生態系保護へ』西口親雄著 新思索社 一九九五年

『森と川を育むサケの恵みと北海道のサケ』中島美由紀著 水環境学界誌 二〇〇三年

『丹沢の自然再生』木平勇吉他著 日本林業調査会 二〇一二年

「丹沢大山自然再生ＯＮＬＩＮＥ」ホームページ

『広葉樹資源の管理と活用』鳥取大学広葉樹研究刊行会編 海青社 二〇一一年

『鳥との共存をめざして』(公)日本鳥類保護連盟編 中央法規出版 二〇一一年

『空と森の王者 イヌワシとクマタカ』山崎亨著 サンライズ出版 二〇〇八年

『日本のタカ学』樋口広芳編 東京大学出版会 二〇一三年

『フンころがしの生物多様性』塚本珪一著 青土社 二〇一〇年

『チェルノブイリの森』メアリー・マイシオ著 中尾ゆかり訳 ＮＨＫ出版 二〇〇七年

『雑食動物のジレンマ』マイケル・ポーラン著 ラッセル秀子訳 東洋経済新報社 二〇〇九年
『利己的な遺伝子』リチャード・ドーキンス著 日高敏隆他訳 紀伊國屋書店 一九九一年
『近自然学』山脇正俊著 山海堂 二〇〇四年
『農業と人間』生源寺眞一著 岩波現代全書 二〇一三年
『世界の農業と食料問題のすべてがわかる本』八木宏典監修 ナツメ社 二〇一三年
「世界生態系危機への歴史・文化的考察」アントニー・F・F・ボーイズ 一九九七年
『品種改良の世界史 作物編』鵜飼保雄他編 悠書館 二〇一〇年
『品種改良の世界史 家畜編』正田陽一編 悠書館 二〇一〇年
『無』福岡正信著 春秋社 一九八五年
『自然農法 わら一本の革命』福岡正信著 春秋社 一九八三年
『食は国家なり！』横山和成著 アスキー新書 二〇一〇年
『あなたにもできる 無農薬・有機のイネつくり』稲葉光國著 農文協 二〇〇七年
『除草剤を使わないイネつくり』民間稲作研究所編 農文協 一九九九年
NIASシンポジウム「ポストゲノム時代の害虫防除研究のあり方 第4回 ウンカ防除の現状と展望」（独）農業生物資源研究所主催 二〇一一年
『有機栽培の病気と害虫』小祝政明著 農文協 二〇一一年
『これならできる！ 自然菜園』竹内孝功著 農文協 二〇一二年
『自然農法を始めました』村田知章著 東京書籍 二〇〇三年
『循環農業の村から』吉田道昌著 春秋社 一九九六年
『水田再生』鷲谷いづみ編著 家の光協会 二〇〇六年
『源流白書』全国源流の郷協議会発行 二〇一四年
『日本の難題を問う 森林と水源地』山村振興調査会編 万来舎 二〇一四年
『森林土木と地形・地質』牧野道幸著 日本林業調査会 二〇一三年
『近自然の歩み』福留脩文著 信山社サイテック 二〇〇四年
『里山資本主義』藻谷浩介 NHK広島取材班著 角川書店 二〇一三年
『日本の田舎は宝の山』曽根原久司著 日本経済新聞出版社 二〇一一年
『自立と連携の農村再生論』岡本雅美監修 東京大学出版会 二〇一四年
『庄内パラディーゾ アル・ケッチァーノと美味なる男たち』一志治夫著 文藝春秋 二〇〇九年
『地方消滅の罠』山下祐介著 ちくま新書 二〇一四年
『企業事例で見る 森のCSV読本』日本総合研究所編 林野庁 二〇一五年
「サントリー天然水の森」ホームページ

なお、「サントリー天然水の森」では、現在四〇名を超える様々な分野の先生方に研究やご指導をお願いしているが、今回は特に以下に列挙させていただいた先生方との対話を随所に参考にさせていただいた。この場を借りてお礼を申し上げたい。

石川芳治（東京農工大学教授）鹿問題と砂防
伊藤哲（宮崎大学教授）人工林の適正管理と土壌の保全
奥本大三郎（日本アンリ・ファーブル会会長）昆虫——植生と鳥や動物をつなぐ輪として
恩田裕一（筑波大学教授）人工林の強度間伐による地下水涵養力の向上
金澤晋二郎（元九州大学教授）土壌
鎌田直人（東京大学教授）昆虫、特にカシノナガキクイムシについて
島谷幸宏（九州大学教授）河川再生とグリーンインフラ
菅原泉（東京農業大学教授）植生と緑化
徳永朋祥（東京大学教授）植生による水質形成と水循環への影響
長谷川尚史（京都大学准教授）環境林施業と持続可能なバイオマス利用
服部保（兵庫県立大学名誉教授）森林生態学
日置佳之（鳥取大学教授）森林利用と生物多様性再生の両立
宮林茂幸（東京農業大学教授）山村の再生と、河川の上下流域をつなぐ経済圏の創出
柳澤紀夫（元日本鳥類保護連盟理事）鳥類全般
山﨑亨（アジア猛禽類ネットワーク会長）猛禽類、特にイヌワシとクマタカ
八代田千鶴（国立研究開発法人　森林総合研究所関西支所　主任研究員）鹿問題
横山和成（中央農業総合研究センター・生産支援システム研究チーム長）土壌の微生物多様性

（五十音順）

ただし、本書の内容に不備・誤りなどがあった場合、その責任の一切は筆者にある。あらかじめお詫びとご叱正をお願いしたいと思う。

山田 健《やまだ　たけし》

一九五五年、神奈川県生まれ。七八年、東京大学卒業。

同年、サントリー株式会社（現・サントリーホールディングス株式会社）に入社。

現在、エコ戦略部チーフスペシャリスト兼水科学研究所主席研究員として、

「天然水の森」の企画・研究・整備活動を推進している。

『水を守りに、森へ』（筑摩選書）、『ゴチソウ山』（角川春樹事務所）など著者多数。

九州大学客員教授、（公）日本鳥類保護連盟理事、（公）山階鳥類研究所理事、
日本ペンクラブ会員。

知のトレッキング叢書

オオカミがいないと、なぜウサギが滅《ほろ》びるのか

二〇一五年六月三〇日　第一刷発行

著　者　山田《やまだ》　健《たけし》

発行者　舘　孝太郎

発行所　株式会社集英社インターナショナル
〒一〇一-〇〇六四　東京都千代田区猿楽町一-五-一八
電話　〇三-五二一一-二六三〇

発売所　株式会社集英社
〒一〇一-八〇五〇　東京都千代田区一ツ橋二-五-一〇
電話　読者係　〇三-三二三〇-六〇八〇
販売部　〇三-三二三〇-六三九三（書店専用）

印刷所　大日本印刷株式会社

製本所　株式会社ブックアート

定価はカバーに表示してあります。

ISBN978-4-7976-7302-9 C0040

日本人はなぜ存在するか　與那覇 潤 著

定価 1,000円＋税　ISBN 978-4-7976-7259-6

日本人は、日本民族は、日本史はどのように作られた？
歴史学、社会学、哲学、心理学から比較文化、民俗学、文化人類学など、
さまざまな学問的アプローチを駆使し、既存の日本&日本人像を根本からとらえなおす！

アインシュタイン 痛快！ 宇宙論　マンガでわかる宇宙論

村山 斉 監修／イアン・フリットクロフト 原作
ブリット・スペンサー 作画／金子 浩 訳

定価 2,000円＋税　ISBN 978-4-7976-7366-1

村山斉氏監修の「マンガでわかる宇宙論」。宇宙のはじまり、素粒子論、相対性理論、量子力学から
生命とは何か、脳や目のしくみにいたるまで、科学のすべてをこの一冊に凝縮。

生命とは何だろう？　長沼 毅 著

定価 1,000円＋税　ISBN 978-4-7976-7243-5

最初の生命はどこで生まれたのか、生命を人工的に創りだすことは可能なのか、
そもそも生命の本質とは何なのか……南極やサハラ砂漠など、
極限環境の生物を研究する長沼毅が、生命の謎を解説。

宗教はなぜ必要なのか　島田裕巳 著

定価 1,000円＋税　ISBN 978-4-7976-7242-8

世界の多くの人たちが、人間が生活していく上で宗教は必要なものだと考えている。

その根源的な理由を具体的な宗教を例にわかりやすく解説。

今の私たちにも宗教が必要かどうかを考えていく。

宇宙はなぜこんなにうまくできているのか

村山 斉 著

定価 1,100円＋税　ISBN 978-4-7976-7223-7

なぜ太陽は燃え続けていられるのか。なぜ目に見えない暗黒物質の存在がわかったのか。

そして、なぜ宇宙はこんなにも人間に都合よくできているのか――

宇宙の謎がよくわかる、村山宇宙論の決定版。

考えるとはどういうことか　外山滋比古 著

定価 1,000円＋税　ISBN 978-4-7976-7222-0

「知識と思考は反比例の関係にある」。経験を軽視し、自分の頭で考えることが
苦手になった日本人が自由思考を手に入れるためには？
超ロングセラー『思考の整理学』の著者が提案する発想のヒント。

Think 疑え！　ガイ・P・ハリソン 著／松本剛史 訳

定価 1,100円＋税　ISBN 978-4-7976-7282-4

どんなに賢い人でも、怪しげな宗教や不合理な疑似科学、悪質な詐欺に
騙されてしまうのはなぜだろう？　それは家庭でも学校でも「疑う」ことを
教えてくれないからだ。本書は、自らを騙そうとする脳のバイアスや、
途方もない主張に惑わされないための「懐疑的思考」の入門書である。

日本人の英語はなぜ間違うのか？
マーク・ピーターセン 著

定価 1,000円＋税　ISBN 978-4-7976-7258-9

教科書に含まれる数々の間違い・問題点を指摘し、その解決策を提示し、
使える英語・本物の英語を伝授する。ベストセラー『日本人の英語』の著者が、
日本人が見過ごしてきた根本的な問題点に迫る。

「知」の読書術　佐藤 優 著

定価 1,000円＋税　ISBN 978-4-7976-7275-6

民族・宗教の対立がますます顕在化する危機の時代にあって、
何よりも重要になってくるのは、「思想」や「考え方」といった知のフレームワークを
しっかりと理解すること。真の教養が身につく佐藤流読書術講義。

「サル化」する人間社会　山極寿一 著

定価 1,100円＋税　ISBN 978-4-7976-7276-3

「上下関係」も「勝ち負け」もないゴリラ社会。厳格な序列社会を形成し、
個人の利益と効率を優先するサル社会。人間社会はどちらへ向かうのか。
なぜ、家族は必要なのかを説く、慧眼の一冊。

驚くべき日本語　ロジャー・パルバース 著／早川敦子 訳

定価 1,000円＋税　ISBN 978-4-7976-7265-7

英・露・ポーランド・日本語。全く異なる文化的背景から生まれた
4カ国語を完璧にマスターした外国人作家が、
世界に誇る日本語独自の魅力と可能性を説く！

文系のための理系読書術　齋藤 孝 著

定価 1,200円＋税　ISBN 978-4-7976-7260-2

「今もっとも知的好奇心をかき立ててくれるのは科学の分野。その興奮を知らずにいるのは
もったいない」と著者は文系の人たちに理系読書をすすめる。生物学、数学、医学、
化学・物理、科学者の生き方など、おもしろくてためになる理系の本を紹介する。